国家出版基金项目
NATIONAL PUBLICATION FOUNDATION

十四个集中连片特困区
中药材精准扶贫技术丛书

六盘山区
中药材生产加工适宜技术

总主编　黄璐琦
主　编　杜　弢

中国健康传媒集团
中国医药科技出版社

内容提要

本书为《十四个集中连片特困区中药材精准扶贫技术丛书》之一，包括总论和各论两部分：总论介绍六盘山区中药资源概况、自然环境特点、肥料使用要求、病虫害防治方法、相关中药材产业发展政策；各论选取六盘山区优势和常种的 18 个中药材种植品种，每个品种重点阐述植物特征、资源分布、生长习性、栽培技术、采收加工、标准、仓储运输、药材规格等级、药用和食用价值等内容。

本书供中药材研究、生产、种植人员及片区农户使用。

图书在版编目（CIP）数据

六盘山区中药材生产加工适宜技术 / 杜弢主编 . — 北京：中国医药科技出版社，2021.3

（十四个集中连片特困区中药材精准扶贫技术丛书 / 黄璐琦总主编）

ISBN 978-7-5214-2359-4

Ⅰ . ①六…　Ⅱ . ①杜…　Ⅲ . ①六盘山—药用植物—栽培技术　Ⅳ . ① S567

中国版本图书馆 CIP 数据核字（2021）第 040830 号

审图号：GS（2021）2516 号

美术编辑　陈君杞

版式设计　锋尚设计

出版　**中国健康传媒集团｜中国医药科技出版社**

地址　北京市海淀区文慧园北路甲 22 号

邮编　100082

电话　发行：010-62227427　邮购：010-62236938

网址　www.cmstp.com

规格　710 × 1000mm　1/16

印张　19 1/2

彩插　1

字数　364 千字

版次　2021 年 3 月第 1 版

印次　2021 年 3 月第 1 次印刷

印刷　北京盛通印刷股份有限公司

经销　全国各地新华书店

书号　ISBN 978-7-5214-2359-4

定价　78.00 元

编　委　会

总主编　黄璐琦

主　编　杜　弢（甘肃中医药大学）

副主编　王惠珍（甘肃中医药大学）
连中学（渭源县种业服务中心）
张玉云（陇西县农业技术推广中心）
郭增祥（岷县当归研究院）

编　委（以姓氏笔画为序）
马杰华（亭县中药材产业发展服务中心）
邓庭伟（中国中药公司民勤试验站）
王宏凯（平凉市农业科学院）
甘　敏（甘肃省经济作物技术推广站）
申培增（白银市农业技术推广服务中心）
刘学周（甘肃省经济作物技术推广站）
陈红刚（甘肃中医药大学）
赵海东（武都区中药材技术服务中心）
董生健（甘肃农业大学应用技术学院）
韩富军（甘肃省农业科学院）
魏丽霞（甘肃省农业科学院）

序

“消除贫困、改善民生、实现共同富裕，是社会主义制度的本质要求。”改革开放以来，我国大力推进扶贫开发，特别是随着《国家八七扶贫攻坚计划（1994—2000年）》和《中国农村扶贫开发纲要（2001—2010年）》的实施，扶贫事业取得了巨大成就。2013年11月，习近平总书记到湖南湘西考察时首次作出“实事求是、因地制宜、分类指导、精准扶贫”的重要指示，并强调发展产业是实现脱贫的根本之策，要把培育产业作为稳定脱贫攻坚的根本出路。

全国十四个集中连片特困地区基本覆盖了我国绝大部分贫困地区和深度贫困群体，一般的经济增长无法有效带动这些地区的发展，常规的扶贫手段难以奏效，扶贫开发工作任务异常艰巨。中药材广植于我国贫困地区，中药材种植是我国农村贫困人口收入的重要来源之一。国家中医药管理局开展的中药材产业扶贫情况基线调查显示，国家级贫困县和十四个集中连片特困区涉及的县中有63%以上地区具有发展中药材产业的基础，因地制宜指导和规划中药材生产实践，有助于这些地区增收脱贫的实现。

为落实《中药材产业扶贫行动计划（2017—2020年）》，通过发展大宗、道地药材种植、生产，带动农业转型升级，建立相对完善的中药材产业精准扶贫新模式。我和我的团队以第四次全国中药资源普查试点工作为抓手，对十四个集中连片特困区的中药材栽培、县域有发展潜力的野生中药材、民间传统特色习用中药材等的现状开展深入调研，摸清各区中药材产业扶贫行动的条件和家底。同时从药用资源分布、栽培技术、特色适宜技术、药材质量等方面系统收集、整理了适宜贫困地区种植的中药材品种百余种，并以《中国农村扶贫开发纲要（2011—2020年）》明确指出的六盘山区、秦巴山区、武陵山区、乌蒙山区、滇桂黔石漠化区、滇西边境山区、大兴安岭南麓山区、燕山－太行山区、吕梁山区、大别山区、罗霄山区等连片特困地区和已明确实施特殊政策的西藏、四省藏区（除西藏自治区以外的四川、青海、甘肃和云南四省藏族与其他民族共同聚住的民族自治地方）、新疆南疆三地州十四个集中连片特困区为单位整理成册，形成《十四个集中连片特困区中药材精准扶贫技术丛书》（以下简称《丛书》）。《丛书》有幸被列为2019年度国家出版基金资助项目。

《丛书》按地区分册，共14本，每本书的内容分为总论和各论两个部分，总论系统介绍各片区的自然环境、中药资源现状、中药材种植品种的筛选、相关法律政策等内容。各论介绍各个中药材品种的生产加工适宜技术。这些品种的适宜技术来源于基层，经过实践验证、简单实用，有助于经济欠发达的偏远地区和生态脆弱地区开展精准扶贫和巩固脱贫攻坚成果。书稿完成后，我们又邀请农学专家、具有中药材栽培实践经验的专家组成审稿专家组，对书中涉及的中药材病虫害防治方法、农药化肥使用方法等内容进行审定。

“更喜岷山千里雪，三军过后尽开颜。”希望本书的出版对十四个集中连片特困区的农户在种植中药材的实践中有一些切实的参考价值，对我国巩固脱贫攻坚成果，推进乡村振兴贡献一份力量。

2021年6月

前言

六盘山区是我国最后脱贫的十四个集中连片特困区之一。这里自然环境恶劣，农业生产条件差，基础设施建设薄弱，农民文化素质低下，思想观念落后，种种原因桎梏了当地农民发展生产、脱贫致富的步伐。就在这严酷的生态条件里，中药材却绽放着它顽强的生命力，成为当地农民致富的产业、乡村振兴的希望。根据《中国农村扶贫开发纲要（2011—2020年）》《中药材产业扶贫行动计划（2017—2020年）》《六盘山片区区域发展与扶贫攻坚规划（2011—2020年）》等相关重要文件精神，在总主编黄璐琦院士的策划组织下，全国从事中药材研究、推广和生产的技术人员，编写了《十四个集中连片特困区中药材精准扶贫技术丛书》，作为中药材产业扶贫的重要技术支撑，《六盘山区中药材生产加工适宜技术》即是其中之一。

本书由总论和各论两部分组成。总论介绍了六盘山区的基本情况、片区产业扶贫的特点、片区中药材生产区划，根据绿色发展及相关政策法规的要求，对生产中肥料使用和病虫害防治提出了技术规范。根据片区内道地药材的种类及未来发展要求，在各论里重点介绍了当归、大黄等18种药材的植物特征、资源分布、生长习性、品种选择、种子种苗繁育、栽培技术、采收加工、包装贮藏、质量标准、开发利用等内容。本书图文并茂，力求简洁明了，适合基层从事中药材生产加工的技术人员及管理人员参考。

本书的编者主要为区域内的中药材产业从业人员，既有高校和科研单位的研究人员，又有在基层从事技术推广的农技人员，还有从事药材生产加工的专业技术人员。编者理论基础扎实，实践经验丰富。

尽管所有编者都怀着一颗对科学的敬畏之心和对发展中药材产业的炽热之情，但是由于知识水平和技术水平所限，书中难免有错漏之处，某些观点也仅是编者个人之见，不妥之处请广大读者批评指正。

编　者

2020年12月

目 录

总 论

各 论

总论

一、六盘山区基本情况

六盘山区包括陕、甘、青、宁四省区的集中连片特殊困难地区县市区61个。其中，陕西省有咸阳市和宝鸡市的7个县；甘肃省兰州市、白银市、天水市、武威市、平凉市、庆阳市、定西市、临夏回族自治州的40个县；青海省西宁市和海东地区辖区的7个县；宁夏回族自治区吴忠市、固原市、中卫市的7个县。

（一）六盘山区自然环境

六盘山区地处黄土高原中西部及青藏高原过渡地带，地势南高北低，地形破碎，沟壑纵横，山、川、塬并存，沟、峁、墚相间。气候类型主要为温带大陆性干旱半干旱气候，春季低温少雨，夏季短暂多雹，秋季阴涝霜早，冬季严寒绵长。无霜期短，昼夜温差大，年均降水量176～667毫米。光照资源十分丰富，年日照时数2200～2400小时，年均温度5～6℃。

六盘山区位于黄河流域，有黄河干流及湟水、洮河、渭河、泾河等重要支流流过。土壤以黑垆土和黄绵土为主，抗冲刷能力弱，水土流失严重，自然灾害频发。植被稀疏，森林覆盖率18.8%。煤炭、石油、天然气等能源资源丰富，风能、太阳能等新能源开发潜力大，铅锌矿、石灰岩、岩盐等矿产资源储量较大。

（二）六盘山区中药资源

六盘山区地域辽阔，从黄土高原中西部到青藏高原西部边缘，北纬横跨33°34′～36°54′，东经从106°33′至108°50′，海拔高度从438.4米至4898米，气候类型从干旱、半干旱区到高寒阴湿区，植被类型从荒漠草原到高山草甸，土壤有漠土、盐碱土、草甸土等类型。如此丰富的地质地貌、气候类型、土壤类型及植被类型，造就了丰富多彩的自然物种，更有着多种多样的药用植物。分布有黄芪、党参等药用植物700多种，其中重要中药材资源423种，隶属于94科。种类最多的是菊科，有42种，其次是毛茛科有33种，蔷薇科有32种，豆科有22种，唇形科、百合科各有21种，伞形科有13种，十字花科有12种，小檗科和玄参科各有10种。上述10科，共有216种，在药用植物区系组成中占主导地位。

六盘山区自古以来就是中药材人工栽培的主要区域。岷县当归、陇西黄芪、渭源党参、华亭大黄、华亭独活、宁夏枸杞、清水半夏、苦水玫瑰、西宁大黄等中药材驰名海内外，岷县当归、宕昌党参、清水半夏、苦水玫瑰等品牌还获得了中华人民共和国农产品地理标志登记证书。

六盘山区内药材主产区为甘肃省的岷县、漳县、渭源、陇西、清水、华亭、靖远等县，宁夏回族自治区的隆德、彭阳、同心等县，青海省的湟源、湟中等县。青海省乐都县、互助县等，是近几年新兴的种植区域。六盘山区种植面积较大的有黄芪、当归、党参、黄芩、大黄、柴胡、枸杞、款冬、银柴胡、半夏、独活、连翘、玫瑰、麻黄等，总种植面积约400万亩。

六盘山区内自然条件相对恶劣，地处山区，土地多为梯田或缓坡地，农业生产机械化水平低，劳动生产率不高，因而中药材种植成为区域内农民增收的主要手段，也是主要的经济来源，在有些地区甚至是唯一的经济来源。

相较于其他农作物，中药材生产水平还相当落后，主要表现在以下六个方面。一是生产的组织化程度低。目前基本上还是一家一户的生产模式，虽然有一些农民种植专业合作社，但是这些合作社的作用尚未完全显现，公司化的生产大多也是有名无实。二是种子种苗的产业化水平低。作为现代农业生产最显著特征的农作物新品种，在中药材生产上还鲜有应用，目前种植的基本上还是分类学上所说的“种”的混杂群体，虽然有一些人工选育的新品种，但是这些新品种的推广应用还非常滞后，种植的种子也多是农户自繁自用，缺少专业化的种子公司的繁育种子。三是生产技术落后。由于中药材产区多在贫穷落后地区，自然条件差，生产力水平低，农民文化程度不高，先进技术的普及推广缓慢，使得中药材的生产技术远远落后于其他作物。四是道地产区病虫害严重。由于植保技术的研究滞后和农民质量意识、环保意识的薄弱，中药材病虫害的防治中还存在许多问题，专业的中药材农药严重匮乏，禁用、限用农药使用仍存在，农民用药不规范，大剂量用药现象非常普遍，农残超标事件时有发生，环境污染问题日益突出。五是产地加工水平低，加工能力弱。目前的产地加工仅仅是干燥、清洁，干燥基本是利用太阳光能，受天气影响较大，干燥时间长，影响有效成分的保存。六是跟风种植。中药材商品的市场化程度高，加上有些商贩的人为炒作，中药材的价格波动非常大，而农民对市场的判断和把控能力非常弱，当市场出现较大的波动时，农民往往损失最严重。

二、六盘山区产业扶贫特点

党中央高度重视扶贫开发工作，全国人民矢志不渝、接力奋斗，开创出具有中国特色的扶贫模式，创造了人类减贫史上的中国奇迹，为加速世界减贫进程贡献了中国力量。

从1978年到2000年，中国的扶贫开发大致经过了三个阶段。

第一阶段：体制改革推动扶贫阶段（1978～1985年）。1978年开始了农村经营制度的改革，并采取了农产品价格逐步放开、发展乡镇企业等多项措施，极大地激发了农民的劳动热情，解放了农村生产力，提高了土地产出率。这为解决农村的贫困问题打开了出路。

第二阶段：大规模开发式扶贫阶段（1986～1993年）。为进一步加大扶贫力度，我国自1986年起采取了一系列重大措施：成立专门扶贫工作机构，安排专项资金，制定专门的优惠政策，确定了开发式扶贫方针。自此，在全国范围内开展了有计划、有组织和大规模的开发式扶贫，中国的扶贫工作进入了一个新的历史时期。

第三阶段：扶贫攻坚阶段（1994～2000年）。随着农村改革的深入和扶贫开发力度的不断加大，贫困人口进一步呈现出明显的地缘性特征，集中分布在西南大石山区、西北黄土高原区、秦巴贫困山区以及青藏高寒区等几类地区。以1994年《国家八七扶贫攻坚计划》的公布实施为标志，中国的扶贫开发进入了攻坚阶段。

六盘山区等14个集中连片地区的共同特征：自然条件恶劣，生产条件差，经济基础薄弱，文化知识匮乏，基础设施落后等。在理顺了机制，成立了机构，开展了大规模的扶贫开发后，“输血式”扶贫的作用显现，今后更多的是要采用“造血式”扶贫，而产业扶贫正是利用本地自然禀赋，依靠当地人力资源，借助外来资金和技术，实现自我造血的一种有效途径。

根据《中国农村扶贫开发纲要（2011—2020年）》（中发〔2011〕10号）、国务院《“十三五”脱贫攻坚规划》及《六盘山片区区域发展与扶贫攻坚规划（2011—2020年）》等相关重要文件精神，六盘山区的中药材产业扶贫，要立足自身资源特点、生产条件、技术和劳动力条件、产业链配置、金融服务等因素，根据区域内不同地区的生态、生产条件，在调查研究的基础上，分别做好规划，制定实施方案，有计划、有步骤地推进实施。

六盘山区大多处在干旱、半干旱或高寒阴湿区，农业生产条件差，土地资源利用率不高，发展高效优质现代农业受制因素较多。中药材种类繁多，适应地域广，人工栽培历史较短，生产条件要求不高，在各类生态、生产条件下均有适合栽培的种类，是区域内人民群众精准脱贫、产业脱贫的首选。

以下为产业扶贫特点。

1. 制定规划，做好顶层设计

六盘山区生态类型多样，生产条件落后，经济发展缓慢。片区内的各区域，一定要结合当地自然、人文、市场等条件，从全局及长远发展的角度，制定适合本区域中药材产业发展的长期和近期规划，使中药材产业朝着规范化、规模化、现代化的道路前进。

2. 培育龙头企业，促进中药材生产的产业化、规模化、标准化发展

引进外地企业、培育本土企业。从种子种苗繁育、生产、加工、销售等环节，在人才、资金、技术等方面给予支持，培育和壮大企业，通过企业带动，提升从种子种苗到田间生产，从产地加工到市场销售的产业化程度和水平。

3. 结合农村改革，提高中药材生产的组织化程度

提高中药材生产的组织化程度，是保证产品质量的需要、农民增收的需要、企业原料保障的需要、中药材产业发展的需要。结合农村的三变改革，不仅实现农民身份的转变，更要实现生产方式的改变。

4. 构建技术服务体系，提高生产者的质量意识和技术水平

从产业链的各个环节出发，构建立体式的技术服务体系及纵深式服务网络。在种子种苗、田间生产、产地加工等各环节，都要有相应的技术队伍，从省、市、县、乡，层层建立起技术服务体系。技术培训应分层级，即省级培训市、县级，市、县级培训乡、合作社及农户，建立起集中培训与田间个别指导相结合的服务网络。培训和田间指导的重点应在肥料的使用和病虫草害的综合防治上，贯彻“预防为主，综合防治”的思想，让种植户牢牢树立安全意识和质量意识。

5. 加强农业投入品的管理

种子、地膜、化肥、农药等是中药材生产的重要生产材料。目前中药材生产中，种子种苗混乱、对症农药匮乏、生长素滥用等现象极其普遍，对药材质量、自然环境造成了极大的影响，同时也严重影响了中医药事业的发展。地方农业、中医药管理部门应积极行动起来，加大对中药材生产过程中投入品的管理和产品质量的监督，特别是农业主管部门，应该从源头上将种子、化肥及农药管起来，真正做到安全生产、清洁生产，从源头把控中药材质量。

6. 立足自然禀赋，发展适宜中药材

各区域要在充分了解本地区土壤、气候、水分等自然资源的基础上，结合市场发展及当地的生产条件，选择适合当地发展的中药材种类。除种植大宗中药材以外，还应试种一些生态适宜、前景较好的种类，为长远发展贮备品种及技术。生产布局上应根据药材的生长发育特点及生产条件，合理利用梯田、山地、川地、水地，最大程度地发挥土地的生产潜力，实现中药材生产的高效、优质。

7. 建立中药材生产保险及信息服务机制

为降低中药材生产企业、农户的生产风险，可在中药材产业发展中引入保险机制，保费的投入可采用农户、保险公司、政府分别投入的办法，以降低生产者负担，解决生产者的后顾之忧，提振生产者发展产业的信心。

在种植、加工、营销等环节给予资金扶持，以调动企业、合作社和广大农民的积极性，并鼓励社会企业等新型产业组织发展。同时，可以利用中药资源动态监测信息和技术服务中心平台，为企业、合作社以及广大种植户提供最新的市场信息。

8. 创建多种生产经营模式，完善利益联结机制

根据市场及产业发展的需要，及时创建适应市场经济发展的生产、经营模式，以提高对市场的研判能力和抗风险能力，如家庭农场、合作社、公司等。采取“合作社（公司）+基地+农户”的运作模式，加大政策扶持力度。重点支持农民专业合作社、专业技术协会和扶贫龙头企业、小微企业等能够直接带动贫困农户增收的产业组织发展。

建立健全扶贫龙头企业、农民专业合作社等产业组织与贫困农户的利益联结机制，支持农户积极参与产业化全过程并分享收益，促进企业和贫困农户形成稳定利益关系，实现共同发展。支持扶贫龙头企业与农民专业合作组织有效对接。鼓励企业在区域内建立产业基地，带动贫困农户增收。支持企业优先吸纳安置贫困地区富余劳动力就地就近转移就业。积极探索增加农民财产性收入的新形式。

9. 积极进行品牌建设

以政府、企业或协会、商会等为平台，积极创建企业品牌、地域公共品牌，依靠品牌的知名度和影响力，推动产品质量的提升，进一步增加产品的附加值，增加企业和区域内产品的销量，显著提升效益。

三、六盘山区中药材生产区划

根据六盘山区的生态环境特点、农业生产条件、中药材生产传统及发展趋势，区域内中药材生产可以划分为以下四个产区。

（一）山地半湿润区

气候属中温带半湿润向半干旱过渡带，具有大陆性和海洋季风边缘气候特点。包括宁夏回族自治区的原州区、西吉县、隆德县、泾源县、彭阳县，甘肃省的崆峒区、泾川县、灵台县、庄浪县、静宁县，陕西省的扶风县、陇县、千阳县、麟游县、永寿县、长武县、淳化县等17个县区。

区域内气候温和、降雨适中，川地、塬地、梯田并存，土层深厚，土壤多为黄绵土，适宜种植的药材较多。华亭独活、华亭大黄、灵台柴胡、灵台款冬花等久负盛名，黄芩、黄芪、板蓝根、党参、芍药、丹参、羌活等中药材也有种植。

（二）中东部半干旱区

包括甘肃省的麦积区、清水县、秦安县、甘谷县、武山县、张家川回族自治县、庆城县、环县、华池县、合水县、正宁县、宁县、镇原县等13个县区。

上述县区地处黄土高原西部和北部边缘地带，属半干旱气候，山地多、川地少，灌溉条件较差，大部分地区仍属于雨养农业。近几年清水县引进半夏种植，效益远高于传统农作物，已成为当地农民增产增收的支柱产业。甘草、黄芩、黄芪、柴胡等中药材也是适生品种。

（三）中部干旱区

包括甘肃省永登县、榆中县、皋兰县、靖远县、会宁县、景泰县、古浪县、安定区、通渭县、陇西县，宁夏回族自治区同心县、海原县等12个县区。

该区域大部分干旱少雨，以雨养农业为主，以陇西县、通渭县为代表。其中的陇西县是中药材生产大县，也是中国黄芪之乡，大量种植黄芪、党参、黄芩、防风等药材；通渭县近几年大力发展金银花种植，面积已接近5万亩，金银花产业已成为当地农民增收致富的支柱产业。

区域内部分极度干旱地区有灌溉条件，这些地区是宁夏枸杞的发源地和主要产区。如宁夏回族自治区同心县、海原县，甘肃省永登县、靖远县、景泰县等。

区域内有小部分地区属于冷量湿润区，如永登县的西北部山区、榆中县南部山区、古浪县祁连山沿线、陇西县南部山区等，可种植当归、黄芪、大黄、款冬花等较耐寒耐湿的中药材。

（四）高寒阴湿区

包括甘肃省渭源县、临洮县、漳县、岷县、临夏市、临夏县、康乐县、永靖县、广河县、和政县、东乡族自治县、积石山保安族东乡族撒拉族自治县，青海省湟中县、湟源县、民和回族土族自治县、乐都县、互助土族自治县、化隆回族自治县、循化撒拉族自治县等19个县区。

上述地区是典型的高寒阴湿区。岷县、漳县、渭源县、临洮县等地是传统的当归、黄芪、党参主产区，其中岷县是“岷归”的主产地，被称为“中国当归之乡”，渭源县被称为“中国党参之乡”。近十年来，甘肃省临夏市、临夏县、康乐县、永靖县、广河县、和政县、东乡族自治县、积石山保安族东乡族撒拉族自治县，青海省湟中县、湟源县、民和回族土族自治县、乐都县、互助土族自治县、化隆回族自治县、循化撒拉族自治县等地，从民间自发到政府组织，从甘肃岷县等地引进当归、黄芪、大黄等中药材品种及种植技术。中药材种植已成为当地农民产业致富的新的经济增长点，对带动农民增收，促进地方经济社会发展起到了积极的推动作用。

四、六盘山区肥料使用要求

“庄稼一枝花，全靠肥当家”，这是劳动人民从长期的生产实践中总结出的宝贵经验，也是对作物生长发育规律的总结。适时、适量施用肥料，不仅可以提高中药材的产量，同时还可以提高中药材中药用成分的含量，真正实现高产、优质、高效。

（一）肥料使用现状

总体来说，中药材的种植历史较短，尤其是规模化种植。在这几十年的发展历程里，对

不一定是最适宜的，用药不准导致的结果就是疗效不佳、浪费人力物力。二是禁用、限用农药屡禁不止。甲基异柳磷、乐果等剧毒、高残留农药，已在蔬菜、瓜果上绝迹，但是由于中药材产区偏远、农民意识落后、政府监管乏力等原因，这些农药在中药材产区依然应用，导致药材安全无法保障、产区环境污染加剧，严重威胁中药材产业的可持续发展和生态环境的保护。三是植物激素过量使用，对药材质量、产区环境造成极大威胁。壮根灵、膨大素等植物激素在根茎类药材上普遍使用，导致药材虚脬，影响性状。更为严重的是，由于不知道其中的具体成分，对于药材质量的影响无论是从研究方面还是产业方面的评价严重缺失。植物生长调节剂已成为中药材种植中除了化肥、杀虫杀菌农药外，又一类值得高度重视的化控物质。

无术是指农民在使用农药的过程中不按规程操作。一是中药材病虫害防治方面的研究较少、研究队伍严重匮乏、技术推广力量薄弱，使得农民得不到有效的、及时的指导。二是防治理念不到位。对于预防为主，综合防治的理念，绝大部分农民，甚至包括一些技术干部，没有真正做到入脑入心，落到实处。发病时注重治病，而轻于日常防病；注重化学防治，轻于农艺措施、物理防治、生物防治。三是中药材产区普遍处于贫穷落后地区，农民知识水平低，对使用农药的种类、剂型、剂量、使用浓度、使用方法、注意事项、间隔天数等缺乏了解，使用中随意性强，往往达不到预期的效果。

（三）病虫害防治策略

中药材生产是农业生产的一部分，其产品是人类防病治病的物质基础，对质量有着更高的要求，因此在病虫害的防治上，要更加注重安全，注重质量，注重环保。

1. 加强植物检疫

在种子和其他繁殖材料的调运中，有可能导致种苗所带的病、虫扩大蔓延，因此必须进行植物检疫，以杜绝和防止病虫害扩大蔓延或引进新的病虫害种类。

2. 农业防治

农业防治的根本是选育抗病虫品种，这也是节本增效的有效手段，如有刺红花比无刺红花能抗炭疽病和红花实蝇。根据目前的育种现状，在大田中选育抗病单株，经系统选育成抗病品种，是行之有效的育种手段。

选种和种子消毒是从源头上控制病虫害的有效手段。有病虫害的种子重量一般比健康种子轻，可用风选、水选等方法，淘汰有病虫害的种子。种子带菌的病害，可采取种子消毒的方法。如在当归育苗时，用种子重量0.2%～0.3%的多菌灵拌种后播种，可预防麻口病的发生。

合理轮作，深耕细作。一般选择与禾本科、豆科、十字花科作物轮作为好，如小麦、蚕豆、油菜是根茎类药材的良好茬口。合理间作套种也能减轻病虫害，如地黄和玉米或芝麻间作，可使地黄拟豹纹蛱蝶危害减轻。深耕能促进中药材根系发育，增强吸肥能力，促其生长健壮，同时也可直接杀灭害虫。

生产实践证明，合理施肥，植株生长健壮，发病少，反之则发病重。增施磷钾肥，特别是钾肥可以增强药用植物抗病性，偏施氮肥会加重病虫危害。使用未腐熟的厩肥或堆肥，病菌和虫卵尚存活，会加重病虫危害，应施用高温堆肥及充分腐熟的有机肥料。

3. 物理防治

物理防治最简单的办法就是人工捕杀。对于活动性不强，危害集中或有假死性的害虫可以实行人工捕杀。如金龟子、银纹夜蛾幼虫、象鼻虫等；对有趋光性的鳞翅目及某些地下害虫等，利用诱蛾灯或黑光灯诱杀；利用害虫的趋化性诱杀，如用炒香的麦麸拌药诱杀蝼蛄，糖醋酒液诱杀小地老虎等；用人工做成适合害虫潜伏或越冬越夏的场所，以诱杀害虫。如在棉铃虫成虫活动期，田间设置杨树枝把诱杀；还可利用害虫对颜色的趋性，30cm × 40cm的纸板上涂橙黄色或贴橙黄纸，外包塑料薄膜，在薄膜外涂上废机油诱杀成虫。

对有迁移危害习性的害虫，还可采取隔离保护。在地块四周挖沟（或利用排水沟），沟内撒药，以杀死迁移的大量害虫。木本中药材的树干上刷涂白灰，可保护树木免受冻害，并防止害虫在树干上越冬产卵及病菌侵害树干。

4. 生物防治

生物防治用自然界中的某些有益生物来消灭或抑制某种病虫害的方法。优点是对人畜安全、不污染环境、效果持久、使用灵活、经济。可采用的方法：一是以虫治虫。即利用捕食性益虫防治害虫，如螳螂、瓢虫；利用寄生性益虫防治害虫，如赤眼卵蜂，通过人工繁殖，释放到田间可以防治多种鳞翅目害虫。二是以菌治虫。利用细菌、真菌、病毒等天敌微生物来防治害虫。如苏云金杆菌，被昆虫食用后会产生晶体毒素，使害虫中毒患败血病。三是运用农用抗菌药。对某些病菌能产生拮抗作用的菌称为抗生菌，抗生菌的代谢产物即抗菌药。如春雷霉素、5406抗生素等，白术产区用农抗74防治白术白绢病和根腐病。

5. 化学防治

化学防治即采用化学农药防治病虫害。尽管化学农药有其不足，如容易产生药害、农残超标、污染环境等，但是一旦病虫害大面积爆发时，化学防治依然是最有效的防治方法。

化学防治中，首先要遵守国家法律法规，如《农药管理条例》《农药合理使用准则》，禁止使用剧毒、高毒、高残留或具有三致（致癌、致畸、致突变）的农药［禁止销售和使用的剧毒高毒高残留农药品种（共65种）见附录］。其次要严格按照农药使用间隔期安全使用。绝大多数农药品种都有间隔使用期限，要严格按照说明使用。对中药材生产上允许限量使用的农药，要限量使用。第三要改进施药技术，合理使用农药。适期施药，严格控制施药面积、次数和浓度。要根据当地病虫害发生规律制订化学防治综合方案，做到多种病虫害能兼治的不要专治，能挑治的不普治，防治一次有效的不要多次治，尽量减少化学农药的施用。

六、政策法律法规

从国家层面来说，2017年7月1日出台了《中华人民共和国中医药法》，第三章中药保护与发展，就中药材种植养殖、采集、贮存和初加工的技术规范与标准，农药、肥料等农业投入品的使用，道地中药材评价体系，中药材品种选育，中药材生产基地建设，生产基地生态环境保护，地理标志产品保护，中药材质量的监测等做出了明确的要求。2019年10月20日，中共中央、国务院出台《关于促进中医药传承创新发展的意见》，明确提出要大力推动中药质量提升和产业高质量发展。要求加强珍稀濒危野生药用动植物保护，支持珍稀濒危中药材替代品的研究和开发利用。严格农药、化肥、植物生长调节剂等使用管理，分区域、分品种完善中药材农药残留、重金属限量标准。

为推动脱贫攻坚向纵深发展，国务院扶贫开发领导小组办公室、国家发展和改革委员会于2012年发布《六盘山片区区域发展与扶贫攻坚规划（2011—2020年）》，在其中的特色农业生产基地建设中，将陇县、麟游、永寿、彬县、安定、通渭、陇西、渭源、临洮、漳县、岷县、华亭、甘谷、秦州、会宁、和政、清水、靖远、康乐、乐都、互助、民和、隆德、彭阳、同心等县列为中药材生产基地。

2016年，国务院印发《“十三五”脱贫攻坚规划》中，也明确提出了“中草药扶贫”（第二章产业发展脱贫）。

各地积极响应国家政策，结合自己的实际情况陆续出台了相关政策。

陕西省人民政府先后出台《陕西省中药现代化科技行动计划》（陕政发〔2002〕10号 2002年3月15日）、《陕西省人民政府关于扶持和促进中医药事业发展的实施意见》（2011年6月15日）、《陕西省人民政府关于促进健康服务业发展的实施意见》（2015年9月30日）、《陕西省中医药发展战略规划》（2017—2030年）（2017年4月5日）。上述文件中，针对珍稀濒危物种保护、资源监测体系和信息网络平台建设、种子种苗繁育基地、新品种选育、优势中药材规范化种植基地建设、中药材的种植规范和标准、中药材追溯系统、种植加工等重点环节的监管等方面，做出了一系列部署和安排。

青海省积极贯彻《中药材保护和发展规划（2015—2020）》（国办发〔2015〕27号），及时出台了《青海省贯彻落实国家中药材保护和发展规划实施意见》，提出了加强野生中药材资源调查摸底和保护、加快优质中药材种植基地建设、强化中药材科技支撑能力、推进中药材生产组织创新、加快构建中药材质量保障体系、加强中药材生产科技服务体系建设、不断完善中药材现代流通体系等7项主要任务。

甘肃省作为中药材生产大省和国家中医药事业先行先试示范区，历来重视中药材产业发展，结合当地情况，出台了可操作性强的地方政策。

2009年3月，甘肃省人民政府办公厅颁布《甘肃省加快发展中药材产业扶持办法》，采取直接补助的形式，重点扶持原种繁育基地、种子种苗繁育基地、标准化生产示范点。2010年7月，《关于加快陇药产业发展的意见》出台，总体思路是："以优势资源为依托，突出道地、大宗药材的规范化基地建设和精深加工"；"促进中药材种植基地规范化、规模化，制药企业现代化。"主要目标是"经过5年的努力，逐步建立起较为完善的陇药产业研发、生产和流通体系；建成当归、党参、黄（红）芪、大黄等道地药材规范化生产基地和省级中药生态园，使中药材种植面积、产量和品质在全国处于领先地位。"重点任务之一是"制定陇药原生药材种植环境标准、种质资源标准、栽培标准、采收加工标准，全面实施中药材种植质量管理规范。"

2015年10月，《甘肃省道地中药材追溯体系建设方案》公布，方案要求整合现有中药材溯源资源、统一技术标准和平台、探索基础生产环节追溯体系建设、实施甘肃道地药材认定、加强流通环节追溯体系建设、完善中药材使用环节追溯体系建设、加强道地中药材的推广应用。

枸杞、银柴胡、菟丝子等是宁夏回族自治区的特色优势产品，一直以来得到自治区政府的高度关注。由自治区科技厅主抓，成立了宁夏中药材产业指导组、宁夏中药材产业协会；制定颁布了《宁夏中药材产业发展规划（2014—2020年）》；于2013年8月成立了由国家枸杞工程技术研究中心、宁夏特色中医药现代化工程技术研究中心、宁夏中药材开发与利用工程技术研究中心等单位组成的宁夏六盘山中药材产业技术创新战略联盟（试点）；落实了宁夏回族自治区农牧厅、宁夏回族自治区财政厅《关于创新财政支农方式加快发展农业特色优势产业的扶持政策暨实施办法》[宁农（产）发〔2016〕1号]、《关于创新财政支农方式加快发展农业特色优势产业的意见》（宁政发〔2016〕27号）、《加快发展农业特色优势产业贷款贴息资金管理办法（试行）》[宁财（农）发〔2016〕233号]等一系列文件。

各地所颁布的一系列法规、政策及实施办法，对保障中药材质量、提高中药材产量、增加农民收入、助力精准扶贫都起到了积极推动作用，随着产业的发展及利好政策的深入落实，必将发挥更大的政策效应。

附录　禁止销售和使用的剧毒高毒高残留农药品种（共65种）

六六六、滴滴涕、毒杀芬、二溴氯丙烷、杀虫脒、二溴乙烷、除草醚、艾氏剂、狄氏剂、汞制剂、砷类、铅类、敌枯双、氟乙酰胺、甘氟、毒鼠强、氟乙酸钠、毒鼠硅、甲胺磷、对硫磷、甲基对硫磷、久效磷、磷胺、苯线磷、地虫硫磷、甲基硫环磷、磷化钙、磷化镁、福美胂、福美甲胂、胺苯磺隆单剂、甲磺隆单剂、百草枯（水剂）、磷化锌、硫线磷、蝇毒磷、治螟磷、特丁硫磷、氯磺隆、胺苯磺隆复配制剂、甲磺隆复配制剂、甲拌磷、甲基异柳磷、内吸磷、克百威（呋喃丹）、涕灭威（神农丹）、灭线磷、硫环磷、氯唑磷、水胺硫磷、灭多威、硫丹、溴甲烷、杀扑磷、氯化苦、氧乐果、三氯杀螨醇、氰戊菊酯、丁酰肼、氟虫腈、丁硫克百威、乙酰甲胺磷、乐果、毒死蜱、三唑磷及其复配剂。

各论

da huang 大黄

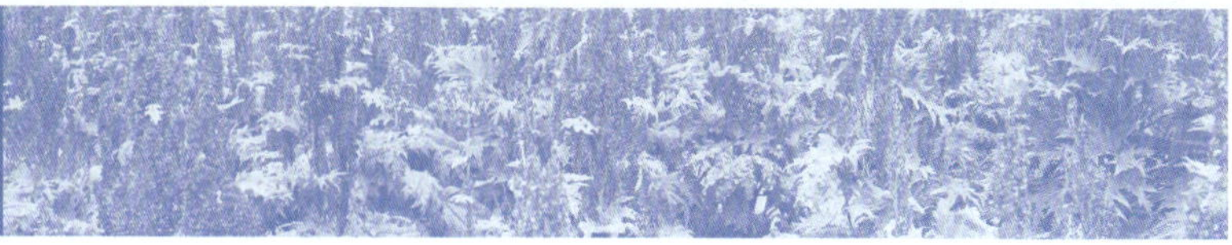

本品为蓼科植物大黄属掌叶大黄*Rheum palmatum* L.、唐古特大黄*Rheum tanguticum* Maxim. ex Balf.或者药用大黄*Rheum officinale* Baill.的干燥根和根茎。又名黄良、火参、肤如（《吴普本草》）、将军（李当之《药录》）、锦纹大黄（《千金要方》），川军（《中草药手册》），峻（藏名）。

一、植物特征

1. 掌叶大黄

高大草本，高1.5～2米。根及根状茎粗壮，木质。茎直立中空。叶片宽卵形，长宽近相等，长达40～60厘米，有时长稍大于宽，顶端窄渐尖或窄急尖，基部近心形，通常成掌状5裂，每一大裂片又分为近羽状的窄三角形小裂片，基出脉多为5条，叶上面粗糙或具乳突状毛，下面及边缘密被短毛。叶柄粗壮，圆柱状，与叶片近等长，密被锈乳突状毛；茎生叶向上渐小，柄亦渐短；托叶鞘大，长达15厘米，内面光滑，外表粗糙。大型圆锥花序，分枝较聚拢，密被粗糙短毛；花小，紫红色；花梗长2～2.5毫米，关节位于中部以下；花被片6，外轮3片较窄小，内轮3片较大，宽椭圆形至近圆形，长1～1.5毫米；雄蕊9，不外露；花盘薄，与花丝基部粘连；子房菱状宽卵形，花柱略反曲，柱头头状。果实矩圆状椭圆形到矩圆形，长8～9毫米，宽7～7.5毫米，两端均下凹，翅宽约2.5毫米，纵脉靠近翅的边缘。种子宽卵形，棕黑色。花期6月，果期8月。果期果序的分枝直而聚拢。（图1）

2. 唐古特大黄

唐古特大黄与掌叶大黄相似，主要区别为：通常掌状5深裂，最基部1对裂片简单，中间3个裂片多为三回羽状深裂，小裂片窄长披针形，基出脉5条；茎生叶较小，叶柄亦较短，裂片多更狭窄。该种有一变种为六盘山鸡爪大黄（*R. tanguticum* Maxim. et Balf var. *liupanshanense* C. Y. Cheng et T. C. Kao），与原变种区别为：植株较矮，高0.5～1米。茎细而坚实，直径6～8毫米，髓腔细小，较平滑，无明显棱线，被短毛亦小。花序通常只分枝一次，或仅最下部分枝有短小分枝。（图2）

图1　掌叶大黄（郭增祥 摄）

图2　唐古特大黄（郭增祥 摄）

3. 药用大黄

药用大黄与上两种的主要区别为：叶片近圆形或宽卵圆形，直径30～50厘米，或长稍大于宽，顶端近急尖形，基部近心形，掌状浅裂，裂片大齿状三角形，基出脉5～7条；花4～10朵成簇互生，绿色至黄白色；长3～3.5毫米。（图3）

图3　药用大黄（郭增祥 摄）

二、资源分布概况

大黄属植物分布于亚洲温带及亚热带地区。我国是大黄属植物的分布中心。

掌叶大黄主要分布于青海、甘肃东南部、四川西北部、西藏东部和南部、陕西秦岭北坡、湖北西南部、贵州北部、云南西北部，宁夏回族自治区西南部的六盘山区亦有分布。唐古特大黄主要分布于青海南部、西藏偏东部，甘肃南部和祁连山北麓、四川西北部，云南西北部亦有分布。药用大黄主要分布于四川北部、东部及南部盆地边缘、贵州北部、云南西北部、湖北西部、河南西部、陕西南部和甘肃的东南部。

青藏高原东部，包括青海东部、甘肃南部、四川西北部和西藏东北部，是我国大黄资源的现代分布中心。该地区大黄资源丰富、群集度高，并且海拔较高，无霜期较短，植物生长较慢，物质积累时间较长，所产药材质地坚实，香气浓郁，番泻苷含量高。历史上著名的商品“西宁大黄”、“铨水大黄”即产于此。

三、种子种苗繁育

（一）大黄种子繁育技术

1. 品种选择

甘肃栽培品种主要为掌叶大黄和唐古特大黄。

2. 留种田地块选择

大黄栽培主要采用有性繁殖：一是育苗用的种子选用从三年生大黄植株上采收的种子，不能使用二年生植株上采收的种子。二是成熟度高的种子不能使用，以中熟为好。留种田选择条件如下。

（1）地块背阴缓坡或者二阴坡地，海拔2400～2700米，排水良好，周围环境无污染，人畜不易践踏。

（2）留种用的种苗，由品种纯正的掌叶大黄或唐古特大黄植株上采收的种子育成，3月下旬至4月上旬移栽时采挖。

（3）种植面积相对集中，土壤肥沃，质地疏松，有机质含量高、气候凉爽、降水均匀的高寒阴湿区，且留种区域相对固定。

掌叶大黄留种田如图4所示。

3. 留种

（1）种子田移栽管理　留种用的大黄苗选择株型一致、大小统一、分叉少、主根粗壮、外表皮色泽一致、无破损、无病斑的同一品种种苗，于3月下旬或者4月上旬在提前翻耕好的地块移栽为宜。一般株距60～70厘米，行距80～90厘米，便于培育壮苗。大黄出苗后，用40%辛硫磷乳油15毫升或者噻虫嗪乳油30毫升兑水30千克防治甲虫，6～7月份苗高50厘米左右时，割去混杂、发病、生长不良的植株，留下生长健壮、株型一致的植株进行田间管理。7～9月份用25%吡唑嘧菌酯30毫升兑水30千克叶面喷雾，预防叶部病害；用10%吡虫啉15毫升或噻虫嗪乳油30毫升兑水30千克防治蚜虫等虫害，7～10天一次，预防

图4　掌叶大黄留种田（郭增祥 摄）

2～3次。生育期中耕除草2～3次。10月下旬地上叶片枯黄时，割去地上叶片，在根头部培土，加强田间管理，防止牲畜践踏。

（2）种子田管理　大黄一般在4月上旬露头。返青后，在根部追肥，每株追施腐熟农家肥1～2千克，施于植株周围15～20厘米处。4月中下旬地上茎开始抽出地面，并迅速伸长，到6月上旬最高达2米。6月上中旬开花期加强病虫害预防，剪除病株及生长畸形或者生长不良的植株，发病植株根部用石灰等处理。大黄种子成熟前花序呈淡绿色，未开放的花色呈红色或淡紫红色，成熟时转为淡棕黄色，果翅张开呈三棱形、种胚膨大呈黑色。6月下旬至7月上旬大黄种子成熟期，加强管理，防止大风冰雹等灾害天气。（图5，图6，图7）

（3）种子田采收脱粒　7月上中旬，大部分种子呈黑褐色时，用镰刀或树剪轻轻从大黄茎基部割断茎秆，置于提前准备好、放在大黄植株跟前的篷布上。采收结束后，用木棍轻轻敲打茎杆，使种子全部脱粒。（图8）

（4）种子阴干贮藏　种子脱粒后，运回晾晒场，摊开晾在篷布上阴干。4～5天后，除去果枝等混杂物，使种子净度达95%左右，完全干燥时，装入编织袋，放置在通风、阴凉、干燥、无烟的贮藏室内的种子架上贮藏。

图5　掌叶大黄种子田（郭增祥 摄）

图6　唐古特大黄种子田（康生福 摄）

图7　大黄种子乳熟期（郭增祥 摄）

图8　大黄种子采收脱粒（郭增祥 摄）

（二）大黄种苗繁育技术

大黄种苗繁育宜采用分畦撒播，培育壮苗。

1. 选地

选择土层深厚、土壤肥沃、土质疏松的黑壤土、黑钙土、黑土为宜，要求排水便利，坡度小于15°～30°的山坡地。海拔高度2400～2600米。

2. 施肥整地

4月上中旬，结合深翻地，亩施充分腐熟的优质农家肥3000千克或腐熟油渣100千克，配合施用三元复合肥40～60千克，人工均匀撒施地表。育苗前再耕一遍。

3. 做畦

顺坡作畦，畦面宽100～120厘米，畦间排水沟宽30厘米。

4. 及时播种

4月中旬至5月上旬育苗，采用撒播法，在做好的畦面上均匀播种，一般亩播量8～10千克。选择色泽鲜艳，籽粒饱满，健康、无霉变、具有本品种特性的无污染种子。将种子撒播均匀后，用细土覆盖畦面，厚度0.5～0.8厘米。

5. 田间管理

（1）田间除草　育苗后约20天左右出苗，约长出两片真叶时，进行第一次人工除草，结合人工除草，按照株距3～4厘米进行间苗。以后每20天左右人工拔草一次。（图9，图10）

（2）防治病虫害　苗高5～6厘米时，结合中耕及第二遍除草，进行病虫害预防。锈病发病初期用50%粉锈宁1000倍液喷雾防治；轮纹病发病初期用50%甲基托布津1000倍液喷雾防治；发现蚜虫危害时，用噻虫嗪或者10%吡虫啉1000倍液喷雾防治。金龟子等咬食叶片的害虫用太阳能紫光灯诱杀成虫，或用90%敌百虫1000倍液、40%辛硫磷2000倍液喷防。

（3）苗床越冬　10月下旬霜降后，叶片枯黄。割去地上叶片后就地越冬，防止牲畜践踏。

图9 大黄苗期（张九平 摄）

图10 大黄育苗基地（郭增祥 摄）

6. 种苗采挖

春季4月上旬采挖，保持大黄苗主根完整。

7. 种苗分级选苗

在采挖过程中，除去不合格的过小苗、过大苗、侧根过多的苗、病苗、虫伤及机械损伤苗，将不同等级的种苗装入编织袋备用。大黄种苗分级标准见表1。

表1 大黄种苗分级标准

项目	指标		
	一级	二级	三级
根长（厘米）	15.0～20.0	21.0～25.0	10.0～14.0
根粗（厘米）	2.0～3.0	3.5～5.0	1.0～1.5
出苗率（%）	≥97.0	≥96.0	≥95.0
健康状况	不得有机械损伤、破裂、畸形、腐烂、发霉等情况		

四、栽培技术

（一）选地

选择海拔2400～2700米的黑土、褐土、黑垆土为宜，要求土层深厚、土质疏松、排水便利，轮作周期3年以上；前茬作物以麦类作物、豆类作物、油菜、马铃薯为宜，严禁连作。

（二）深耕整地，施足基肥

3月中下旬至4月上旬，结合春季翻地、整地，施足基肥，每亩施腐熟有机肥料1000～1500千克，配施三元复合化肥40～60千克。有条件的地块，可增施腐熟油渣30～40千克。

（三）土壤处理

地下虫害严重的地块，每亩用含有淡紫拟青霉的生物农药2～3千克、绿僵菌2～3千克与50千克细土拌匀，均匀撒施地表，旋耕翻入耕层，可防治根腐病及蛴螬、金针虫等虫害。已施用过生物农药的地块，严禁使用化学杀菌剂进行土壤处理。

（四）选苗

选用无病害感染、侧根少、表皮光滑、苗身直、根直径2～3厘米，根长20厘米的一级或者二级大黄苗。

（五）定植

1. 种植时间

4月上旬。

2. 种植密度

（1）掌叶大黄或者药用大黄移栽　按行距50～60厘米、株距40厘米开挖穴或开沟，每亩约3000穴。（图11，图12）

图11　大黄露地移栽（康生福　摄）

图12　大黄地膜覆盖移栽（康生福 摄）

（2）唐古特大黄定植　按行距50～60厘米、株距50厘米开挖穴，每亩约2500穴。

3. 种植方法

按预定的株行距，用犁开沟，沟深15厘米左右，沟距20厘米左右，隔两沟摆一行苗。高寒阴湿区大黄栽培，可先覆盖黑色除草膜，采用幅宽100厘米左右的黑色除草膜，按照垄宽80厘米，垄沟宽50厘米覆膜，然后在垄面上开穴，按每垄两行、行距50～60厘米移栽，两行相对应两株错开。苗头在膜下5厘米左右，穴口用湿润细土覆盖，并封严膜孔。

（六）田间管理

1. 中耕除草

大黄定植后约20多天出苗，一般于5月中旬有2～3片真叶时进行第一次中耕除草；第二次中耕除草于6月中下旬进行，结合中耕除草，在根际位置进行培土，高度10～15厘米，以后视田间杂草生长情况，拔除大草。

唐古特大黄第二年中耕除草、田间管理同上述时间。边锄草松土边培土，培土厚度8～9厘米，培土时沿穴壁由下向上培成“馒头”形。通过培土使大黄根茎向上膨大生长。以后视杂草生长情况随时拔除。

2. 追肥

基肥不足的地块，可结合培土，在根部集中追施三元复合肥2～3次，每穴5克左右。

3. 培土

结合中耕除草和根际追肥，在根基部培土2次以上，以促进主根生长。

4. 摘薹

4月上中旬大黄返青后抽薹高25厘米左右时，从第二节以上剪去花薹，并用土盖住伤口，培土并踩实，防止切口灌入雨水后腐烂。

（七）病虫害防治

1. 农业防治

与豆科、禾本科等作物轮作倒茬，严禁连作。注意雨季排水。发现病株后及时拔除；清理田间植株残体等杂物，在远离田园处深埋或烧掉。

2. 物理防治

用黄色黏虫板诱捕蚜虫，银灰膜驱避蚜虫。利用紫光灯、黑光灯、糖醋液等诱杀害虫。

3. 生物防治

积极保护、利用天敌。采用生物农药进行土壤处理，防治害虫。

4. 化学防治

大黄的主要病害有根腐病、黑粉病、锈病、轮纹病；虫害主要有跳甲虫、蚜虫等；鼠害主要为中华鼢鼠。（图13～图20）

（1）根腐病　发病初期用1%噁霉灵、甲霜灵颗粒剂10千克，在下雨前撒施或穴施；及时拔除病株销毁，病穴用草木灰或者生石灰进行局部土壤消毒。

（2）大黄叶黑粉病　发病初期用15%粉锈宁可湿性粉剂30克或25%苯醚甲环唑·嘧菌酯悬乳剂20毫升兑水30千克叶面喷雾防治，每隔7天喷雾1次，2～3次可减轻危害。在冬季清除田间残枝落叶并烧毁。增施磷钾肥料有利于减轻病害。

（3）大黄轮纹病　用80%多菌灵15克或者70%甲基硫菌灵15～20克兑水30千克喷雾。在冬季清除田间残枝落叶并烧毁。增施磷钾肥料有利于减轻病情。

（4）跳甲虫　用噻虫嗪乳油30毫升兑水30千克配成药液叶面喷雾防治，每隔7天喷雾1次，1～2次可消灭虫害。

（5）大黄金针虫　可用生物农药处理土壤防治，也可在田间安装杀虫灯诱杀成虫。40%辛硫磷乳油1000倍液灌根防治。

（6）鼠害　用弓箭射杀或者用老鼠夹捕杀。

图13　大黄根腐病（陈永刚 摄）

图14　大黄锈病（郭增祥 摄）

图15　大黄黑粉病（郭增祥 摄）

图16　大黄蚜虫危害叶背面（郭增祥 摄）

图17　大黄蚜虫危害叶正面（郭增祥 摄）

图18　大黄尺蠖（郭增祥 摄）

图19　大黄甲虫（郭增祥 摄）

图20　大黄金针虫（康生福 摄）

五、采收加工

秋末茎叶枯萎或次春发芽前采挖，除去细根，刮去外皮，切瓣或段，用绳穿成串干燥或直接干燥。

（一）规范化采挖

掌叶大黄和药用大黄定植后生长2年后采挖，唐古特大黄定植后生长3～4年后采挖。一般于10月下旬地上茎叶枯萎时采挖，大面积种植基地，可选用机械化挖药机进行采挖。挖出后，晾晒2小时左右，抖净泥土，运回加工点。（图21）

（二）产地初加工

将采挖的大黄削去残茎，用大竹片或者木制刀具刮去粗皮，除去过长支根、侧根、毛根。

图21　大黄采挖（康生福 摄）

1. 熏干

要求加工晾晒场地干净清洁，禁止用硫黄等熏蒸。

细刮粗皮，切掉根茎生长点，将根茎纵切成两半，放在屋内棚上，切口朝下，用柴草慢火熏干，熏至切面金黄色时，慢慢晾干。

2. 切片

撞去粗皮、污物，呈现出鲜黄色药体时，再按销售规格，切成不同的切片。（图22）

图22　大黄切加工（康生福 摄）

六、药典标准

（一）性状

本品呈类圆柱形、圆锥形、卵圆形或不规则块状，长3～17厘米，直径3～10厘米。除尽外皮者表面黄棕色至红棕色，有的可见类白色网状纹理及星点（异型维管束）散在，残留的外皮棕褐色，多具绳孔及粗皱纹。质坚实，有的中心稍松软，断面淡红棕色或黄棕色，显颗粒性；根茎髓部宽广，有星点环列或散在；根木部发达，具放射状纹理，形成层环明显，无星点。气清香，味苦而微涩，嚼之黏牙，有沙粒感。

（二）鉴别

1. 横切面

根木栓层和栓内层大多已除去。韧皮部筛管群明显；薄壁组织发达。形成层成环。木质部射线较密，宽2～4列细胞，内含棕色物；导管非木化，常1至数个相聚，稀疏排列。薄壁细胞含草酸钙簇晶，并含多数淀粉粒。

根茎髓部宽广，其中常见黏液腔，内有红棕色物；异型维管束散在，形成层成环，木质部位于形成层外方，韧皮部位于形成层内方，射线呈星状射出。

2. 粉末特征

粉末黄棕色。草酸钙簇晶直径20～160微米，有的至190微米。具缘纹孔导管、网纹导管、螺纹导管及环纹导管非木化。淀粉粒甚多，单粒类球形或多角形，直径3～45微米，跻点星状；复粒由2～8分粒组成。

取本品粉末少量，进行微量升华，可见菱状针晶或羽状结晶。

（三）检查

1. 水分

不得过15.0%。

2. 总灰分

不得过10.0%。

（四）浸出物

照水溶性浸出物测定法项下的热浸法测定，不得少于25.0%。

七、开发利用

（一）活性成分提取

大黄加工后，剩下的细根、支根茎蒽苷含量高于或近于主根、根茎，撞皮时剩下的栓皮、碎屑（约占药材重量的15%）蒽苷含量也达到1毫克/克以上，均可用于提取活性成分。

（二）医药中的应用

大黄除在国内使用外，一直是出口的重要商品，远销东南亚各国、日本、美国和德国。

（三）作为蔬菜鲜食

大黄粗而多汁的叶柄可以加工成果汁酱、点心等食品。食用大黄叶柄部分所含的各种营养成分与大多数水果蔬菜近似。除含有一定量的糖分、蛋白质及少量的鞣质外，每100克鲜叶柄含胡萝卜素4.05毫克、维生素B_2 17毫克，作为膳食纤维组分之一的果胶含量为1.30克，略高于苹果、梨。pH和有机酸含量与桃、李、杏及葡萄接近，有机酸主要为苹果酸，草酸含量比叶片中的低，同菠菜和其他绿色蔬菜一样在允许范围之内，对人体健康没有影响。食用大黄不仅可作为蔬菜直接鲜食，也可以作为食品加工的一种原料，对人体有一定的医疗保健作用。

（四）化妆品中的应用

大黄含有能抑制皮肤脂质过氧化作用的成分，因此能够防止皮肤的老化，并兼具防治皮肤病、头癣、毛囊炎、痤疮等作用。已有添加其成分的化妆品。大黄所含的蒽醌类化学成分是一类天然的抗氧防腐剂，又是一类天然的黄色染料，也可用于化妆品中。大黄提取液研制雪花膏、乳液、化妆水，可使皮肤颜色变深，头发变黑，诱导皮肤色素沉积，产生晒黑效果，并能遮盖因伤疤或白癜风等所致的局部皮肤颜色变浅。还可使因年龄或环境刺激（过多暴露于阳光下或氯气中）产生的白发变黑。

（五）在兽药中的应用

大黄可作为兽药应用。大黄茵陈散可治疗耕牛湿热泄泻；焦大黄可治疗奶牛鼻衄；有添加大黄、陈皮、山楂、板蓝根、蒲公英、大青叶、丹参、艾叶、茵陈、甘草等中药的中草药浓缩饲料；用大黄与芒硝治疗家畜眼病；大黄白及粉治牛实热型便血等。

（六）其他应用

大黄中含有Cu、Ni、Mn、Zn、Co、Fe等多种元素，其中Fe、Mn、Zn含量较高。大黄含单糖2.4%～4.4%、多糖13.7%～16.4%、粗纤维及纤维素7.4%～22.5%等，根及叶中存在着18种游离氨基酸，主要为谷氨酸和精氨酸，新鲜大黄中含有丰富的维生素B_1、B_2、B_6、P和D等。大黄功效成分除蒽醌外，鞣质中儿茶精类化合物有较强的SOD活性，芪类化合物具有降血脂、保肝和较强的抑制酪氨酸酶及黑色素合成的活性，大黄多糖具有增强机体免疫、延缓衰老、降血糖等多种生物活性。目前，低度大黄酒、大黄饮料在市场上已打开销路。

八、药材规格等级

（一）内销规格

一等（蛋吉）：把初加工成的干制大黄根茎再进行人工加工，用刀将根茎个头整修整匀后形如鸭蛋，然后装箱，一等品3～4个/千克，二等品5～8个/千克，三等品9～12个/千克。

二等（苏吉）：对大黄根茎部稍加撞光，具有原形状的木楔形大黄。一等品12～14个/千克，二等品16～18个/千克，三等品19～22个/千克。

三等（片吉）：系把干制大黄根茎整修成竖形片，一等品3～4个/千克，二等品5～8个/千克，二等品9～12个/千克。

（二）外销规格

一等（九成片）：黄片凸角，表面呈淡黄色，光滑美观、身干、无糠心、无虫蛀、槟榔茬明显，红度高，个头完整，无黑点，长度≥10厘米，直径≥10.8厘米。

二等（九成吉）：色黄亮、形状好、无糠心、无黑点，槟榔茬明显，但有一些褐变。长度5～7厘米，直径≥6.5厘米。

三等（八成中吉）：色泽略差，呈棕褐色，黄块直径3～6厘米，长度5～9厘米。

四等（八成小吉）：色泽较差，片薄，有少量的黑褐色点，黄块直径2～3厘米，长度3～5厘米。

五等（七成片）：表面淡黄色，黄块厚度≥9厘米，见方≥3厘米，较光滑美观。

六等（六成吉）：表面棕黄色，光滑，黄块直径6厘米，长度3～4厘米。

七等（六成中吉）：表面灰褐色，横切面带有黑色星点，较光滑，黄块直径3～6厘米，长度5～7厘米。

八等（小小吉）：黄块直径1～1.5厘米，长度3～5厘米。

九、仓储运输

（一）仓储

药材仓储要求符合NY/T 1056—2006《绿色食品 贮藏运输准则》的规定。仓库应具有防虫、防鼠功能；应在阴凉、通风、清洁、卫生的条件下，严禁与其他有毒、有异味、发霉散热以及传播病虫的物品混合存放，并注意鼠害。堆垛存放，应在离地面10厘米以上的地垫之上，码垛整齐，不同批次产品之间留有通道，不得直接靠墙。临时贮存应在阴凉、通风、清洁、卫生的条件下，防日晒、雨淋、鼠害、虫蛀及有毒有害物质的污染。短期贮存应按品种、规格分别堆码整齐、货堆不得过大，防止挤压，保持通风散热，控制适宜温湿度。

（二）运输

运输车辆及工具应具有良好的通风性，以保持干燥、清洁、卫生、无污染，达到卫生合格；具备防晒、防雨、防潮、防火等设备，符合装卸要求；运输过程中应严防雨淋、暴晒。严禁与其他有毒有害货物混存混运。

十、药用价值

（一）大黄附方

1. 治伤寒阳明腑证，阳邪入里，肠中有燥屎，腹满痛，谵语，潮热，手足濈然汗出，不恶寒，痞满燥实全见者

大黄（酒洗）四两，厚朴（炙，去皮）半斤，枳实（炙）五枚，芒硝三合。上四味，以水一斗，先煮二物，取二升，去滓，纳大黄，更煮取二升，去滓，纳芒硝，更上微火一两沸，分温再服，得下，余勿服。（《伤寒论》大承气汤）

2. 治大便秘结

大黄二两，牵牛头末五钱。上为细末，每服三钱。有厥冷，用酒调三钱，无厥冷而手足烦热者，蜜汤调下，食后微利为度。（《素问病机气宜保命集》大黄牵牛丸）

3. 治热病狂语及诸黄

川大黄五两（锉碎，微炒）。捣细罗为散，用腊月雪水五升，煎如膏，每服不计时候，以冷水调半匙服之。（《太平圣惠方》雪煎方）

4. 治泻痢久不愈，脓血稠黏，里急后重，日夜无度，久不愈者

大黄一两，细锉，好酒二大盏，同浸半日许，再同煎至一盏半，去大黄不用，将酒分为二服，顿服之，痢止。一服如未止，再服，以利为度，服芍药汤和之，痢止，再服黄芩汤和之，以彻其毒也。（《素问病机气宜保命集》大黄汤）

5. 治妇人经血不通，赤白带下，崩漏不止，肠风下血，五淋，产后积血，癥瘕腹痛，男子五劳七伤，小儿骨蒸潮热等证

锦纹大黄一斤，分作四份；一份用童尿一碗，食盐二钱，浸一日，切晒；一份用醇酒一碗，浸一日，切晒，再以巴豆仁三十五粒同炒，豆黄，去豆不用；一份用红花四两，泡水一碗，浸一日，切晒；一份用当归四两，入淡醋一碗，同浸一日，去归，切晒。为末，炼蜜丸梧子大，每服五十丸，空心温酒下，取下恶物为验。未下再服。（《医林类证集要》无极丸）

6. 治产后恶血冲心，或胎衣不下，腹中血块等

锦纹大黄一两，杵罗为末，用头醋半升，同熬成膏，丸如梧桐子大，用温醋化五丸服之，良久下。亦治马坠内损。（《千金要方》）

（二）成方制剂

1. 大承气汤（《伤寒论》）

大黄、厚朴、枳实、芒硝。主治阳明热结，痞满燥实之重证。

2. 小承气汤（《伤寒论》）

大黄、厚朴、枳实。主治阳明热结轻证。痞满实而不燥者。

3. 调胃承气汤（《伤寒论》）

大黄、甘草、芒硝。主治阳明热结，燥实在下，而无痞满之证。

4. 大黄丸（《圣济总录》）

大黄、黄芩、黄连、当归、赤茯苓、黄芪、干地黄、赤芍药、柴胡、栀子。主治虚劳骨蒸，心神烦躁，大小便难，四肢疼痛。

5. 大黄甘遂汤（《金匮要略》）

大黄、甘遂、阿胶。主治妇人产后，水与血结于血室，少腹满如敦状；及男女膨胀，癃闭，淋毒，小便满痛者。

6. 大黄当归散（《张氏医通》）

大黄、黄芩、红花、苏木、当归、栀子、木贼。主治眼胞壅肿，瘀血凝滞不散而渐生翳者。

参考文献

[1] 薛国菊，何兰，潘宣．中药大黄的资源与开发利用研究[J]．中国野生植物资源，1995，2：1–4.

[2] 谢宗强．国产大黄属植物的生态地理分布．面向21世纪的中国生物多样性保护[M]．北京：中国林业出版社，2000，231–237.

[3] 李应东，何凯，柴兆祥，等．掌叶大黄规范化种植技术和主要病虫害防治[J]．世界科学技术——中医药现代化，2005,（2）：75–76.

[4] 国家药典委员会．中华人民共和国药典[S]．2020年版一部．北京：中国医药科技出版社，2020，24.

[5] 戴万生．大黄的保健功效及其应用[J]．云南中医中药杂志，2003，24（4）：45.

[6] 李积宏，刘一和．食用大黄资源及其加工利用[J]．中国野生植物资源．1994，29–30.

[7] 丁常山，陈云松，刘桂珍．大黄化妆品的研制[J]．香料香精化妆品，1993,（4）：15.

[8] 张兴福．大黄提取物用于化妆品可使皮肤颜色变深和头发变黑[J]．国外医药：植物药分册，2005,（2）：90.

[9] 纪天成．大黄茵陈散治疗耕牛湿热泄泻[J]．中兽医学杂志，2004,（5）：45.

[10] 孙贵彪．焦大黄治疗奶牛鼻衄[J]．中兽医医药杂志，2004，20（2）：90.

[11] 牛永新．大黄与芒硝治疗眼病探析[J]．中兽医学杂志，2004,（2）：23.

[12] 马伦．大黄白及粉治牛实热型便血[J]．中国兽医杂志，2010，46（11）：45.

（郭增祥）

dan shen 丹参

本品为唇形科植物丹参*Salvia miltiorrhiza* Bge.的干燥根和根茎。春、秋季采挖，除去泥沙，干燥。

一、植物特征

多年生草本植物，全株密被黄白色柔毛及腺毛。根肥厚，细长圆柱形，外皮朱红色，切面淡黄色。茎粗大，直立，高30～80厘米，钝四棱形，表面有浅槽，被向下长柔毛。奇数羽状复叶，对生，有柄，有小叶3～5片，顶端小叶最大；小叶片卵形、广披针形，长2～7.5厘米；叶两面密被白色长柔毛，脉上尤密。总状花序，顶生或腋生，长10～20厘米；小花轮生，每轮有花3～10朵；苞片披针形，两面略被短柔毛，边缘全缘，具缘毛；花梗长约4毫米，与花序轴密被长柔毛及具腺长柔毛；花萼带紫色，长钟形，花冠蓝紫色，先端二唇形，上唇呈镰刀形，下唇较短而圆形，先端3裂，中央裂片较长且大，先端又作二浅裂；发育雄蕊2，着生于下唇的中下部，退化雄蕊2；子房上位，4深裂，花柱伸出花冠外，柱头2裂，带紫色。小坚果4，椭圆形，黑色，长3毫米。花期6～9月，果期7～10月。（图1，图2）

图1 丹参（张金文 摄）

图2　丹参花（张金文 摄）

二、资源分布概况

丹参主要分布于我国四川、山西、河北、江苏、安徽等地，此外，湖北、甘肃、辽宁、陕西、山东、浙江、河南、江西等地也有分布。根据生态区域不同，主要分为辽东、胶东半岛丘陵分布区、晋辽及黄土高原分布区、淮南长江中下游丘陵分布区。当前栽培丹参的主产区有甘肃庆阳、山东临沂、河南焦作、山西万荣、陕西商洛、四川中江等地。

三、生长习性

丹参对气候条件的适应性较强，但以温暖湿润，光照充足的环境为宜，在年平均气温为12～17℃，平均相对湿度为65%～77%的条件下，生长发育良好。丹参在自然条件下，生于低山坡、路旁、河边等比较湿润的地方，在栽培条件下，若种子萌发和幼苗阶段遇高温干旱，会影响发芽率，会使幼苗生长停滞甚至造成死苗；若秋季遇持续干旱，会影响根部发育，降低产量。丹参怕涝，在地势低洼、排水不良的土地上栽培，会造成叶黄根烂。

丹参茎叶不耐寒，只能经受短期-5℃左右低温，一般在气温降至10℃以下时地上部开始枯萎，但地下部分耐寒性较强，可安全越冬。丹参喜光，在向阳的环境下生长发育较好，在荫蔽的环境下，植株生长缓慢，甚至发育不良。适宜在肥沃的砂质壤土上生长，土壤酸碱度适应性较广，中性、微酸、微碱均可。忌连作。

四、栽培技术

（一）种植材料

丹参可采用种子繁殖、分根繁殖、扦插繁殖、芦头或分株繁殖，生产上以分根繁殖为主。

1. 种子

丹参种子椭圆形，千粒重1.2克。

2. 分根

截取5～7厘米丹参一年生鲜根的根段。

3. 插穗

丹参地上部枝条，切成长约10厘米的小段，保留部分叶片。

4. 分株

丹参剪下粗根作药用，将细小根连芦头带心叶分成的小株。

（二）选地与整地

1. 育苗地

宜选择地势较高、土层疏松、灌溉方便的地块。播前进行翻耕，每亩施入腐熟的厩肥或堆肥1000千克、磷酸氢二铵10千克作基肥，整细耙平，作高畦播种。

2. 种植地

宜选择向阳、光照充足、地势较高、排水良好的地块，要求土层深厚，质地疏松的砂质壤土。丹参生长期长，在整地时，尽量多施农家肥和磷肥作基肥。一般亩施腐熟的农家肥1500千克，过磷酸钙50千克或磷酸氢二铵20千克，硫酸钾15千克，硫酸锌2千克，深翻30厘米以上，耙细整平。

（三）繁殖方法

1. 种子繁殖

丹参的种子很小，千粒重仅1.2克左右，发芽率70%左右，贮藏时间不能过长，否则发芽率会降低，生产上最好随采随播。种子繁殖多在7月中下旬至8月上旬进行。做高25厘米、宽1.3米的畦，畦沟宽25厘米，整平耙细。

（1）种子直播　用种量0.5千克/亩左右，条播或穴播，条播开深2厘米，行距30～40厘米的沟，均匀撒入种子覆土；穴播按行距30～40厘米，株距20～30厘米挖穴，每穴播入5～10粒种子，覆土。如墒情好，15天左右可出苗。

（2）育苗移栽　一般采用撒播，用种量2.5千克/亩左右，将种子与2～3倍细土混合，均匀撒于畦面，撒后用扫帚拍打使种子和土壤充分接触，再盖3～4厘米厚的秸秆等保湿，要经常洒水，保持地表潮湿。播后15天左右即可出苗，出苗后及时除去部分盖草，以能见到大部分苗为基准，苗出齐后可去除剩余盖草。出苗后及时拔草，幼苗3～5片真叶时，要进行间苗。间出的苗还可在其他地块移植培育。间苗后及时浇水，并追肥一次，以利幼苗生长。播种后两个半月即可进行移栽，标准苗为主根长7～10厘米，粗7毫米左右，叶片长13厘米左右。移栽时间多是10月下旬到11月上旬，早移栽早定根，有利越冬和及早返青。移栽时按株行距20厘米×（25～30）厘米开穴，穴深以埋土后微露心芽为准，埋土后踏实，浇水稳根。

（3）阳畦育苗　3月下旬选阳畦播种。畦宽1.3米，按行距33厘米横向开沟条播，沟深1厘米，由于丹参种子很小，要与细土拌均匀后撒入沟内，盖土以不见种子为基准，不宜太厚。播种后覆膜，保温保湿。出苗后在地膜上打孔放苗，在苗高6厘米时进行间苗，培育至5月上旬即可移栽。

2. 分根繁殖

秋季收获时留出部分地块不挖，到第2年2～3月间起挖，选择粗为1厘米左右，健壮、无病虫害、皮色红的根作种根，取根条中上段萌发能力强的部分和新生根条，剪成5～7厘米长的节段，按株行距25厘米×30厘米开穴，穴深5～7厘米，每穴放入根段1～2段，斜放，使上端保持向上，应注意要随挖随剪随栽，栽后覆土约3厘米，每亩用种根50～60千克，栽后60天左右出苗。

3. 芦头繁殖

丹参收获时，选取健壮、无病害的植株剪下粗根药用，而将细根连芦头带心叶用作种苗进行种植。大棵的苗，可按芽与根的自然生长状况分割成2～4株，然后再种植，细根连同芦头一起栽种，按行距30～40厘米、株距25～30厘米，深3厘米挖穴，每穴1～2株，芦头向上，覆土以盖住芦头为度，时间应在晚秋或早春。早春栽植40～45天芦头可生根发芽，晚秋种植当年不发芽。

4. 扦插繁殖

于7～8月生长旺盛期，取丹参地上茎，剪成长约10厘米小段，剪除下部叶片，上部叶片剪去一半，然后在做好的苗床上按株行距6厘米×10厘米，将插穗斜插入土1/3～1/2，使芽略露出土面，将土压实，立即浇水，做到随剪随插，然后早、晚喷水，保持畦面湿润，待根长至3厘米左右时即可移栽大田，此法一般较少用。

（四）田间管理

1. 中耕除草

苗高6厘米时进行第1次中耕除草，中耕要浅，避免伤根。第2次在6月，第3次在7～8月进行，封垄后停止中耕。分根繁殖者，在3、4月幼苗出土时查苗，如发现盖土太厚或表土板结妨碍幼苗出土的，应及时破土放苗。（图3）

2. 追肥

结合中耕除草追肥2～3次，第1次以氮肥为主，以后配施磷钾肥，最后一次要重施，以促进根部生长。

图3　丹参大田（付录生　摄）

3. 排灌

丹参整个生长期都要保持排水畅通，防止多雨季节受涝。丹参苗期不耐旱，出苗期及幼苗期如土壤干旱，要及时灌水或浇水。

4. 除花蕾

丹参自4月中旬至5月陆续抽薹开花，为使养分集中于根部生长，除留种地外，一律摘除花蕾。花蕾要早摘、勤摘，最好每隔10天摘一次，连续进行几次。

5. 剪老秆

留种丹参在剪收过种子以后，植株茎叶逐渐衰老或枯萎，对根部生长不利。剪掉老茎秆，则可使其重新长出丛生叶，促进根部继续生长。因此，宜在夏至到小暑期间将全部茎秆一起剪掉。

（五）病害防治

1. 根腐病

多在5～11月发生，6～7月危害严重。危害根部，初期先由须根和支根上发生，使须根和支根变成褐色而腐烂，后逐渐向主根扩展蔓延，最后使全根腐烂，外皮变成黑褐色。地上部植株茎基部的叶片变黄，后逐渐向上扩展，植株长势较差，似缺肥状，最后自下而上逐渐枯萎死亡。

防治方法：选择地势高燥地块种植，注意排水防涝，不使田间积水；发病初期用6%农抗120水剂200倍稀释液灌根，或用50%甲基硫菌灵可湿性粉剂800倍稀释液喷雾防治。

2. 菌核病

5月上旬开始发病，6～7月尤为严重。病菌首先侵害茎基部、芽头及根茎部，使这些部位逐渐腐烂，并在近地表处和茎基部形成黑色鼠粪状的菌核和白色菌丝体，最后植株枯萎死亡。

防治方法：选择地势高燥地块种植，注意排水防涝，不使田间积水；与禾谷类作物轮作3年以上；发现病株及时拔除，病株周围喷洒50%甲基硫菌灵可湿性粉剂1000倍液，以防蔓延，或在发病初期灌根防治。

3. 轮纹病

叶面初生淡绿色小点，后扩大呈椭圆形褐色病斑，中部色浅，稍现轮纹，上生黑色小颗粒，病斑外缘有不太明显的黄色晕圈。或者叶部产生黑褐色至黑色病斑，圆形、不规则形，中心灰色，大小为2～3毫米。有些病斑为近圆形、多角形，红褐色，5～7毫米，上生黑色小颗粒，后期病斑脱落形成穿孔，严重时叶面呈污斑状。在降雨多、露时长、植株郁闭、田间湿度大的情况下病害发生较严重。

防治方法：初冬彻底清除田间病残组织，减少翌年初侵染源；栽植密度适当，以利于通风透光；增施磷、钾肥，提高抗病力；发病初期喷施70%代森锰锌可湿性粉剂500倍液，或70%丙森锌可湿性粉剂600倍液，或10%苯醚甲环唑水分散颗粒剂1500倍液。

4. 细菌性叶斑病

危害叶片、叶柄和幼茎。叶片发病主要在叶脉附近产生多角形、椭圆形、不规则形红褐色病斑，油渍状，大小不一，病斑边缘明显或不明显。表面光滑或略有皱纹。叶柄、嫩茎上产生褐色油渍状条斑。

防治方法：初冬彻底清除田间病残组织，减少翌年初侵染源；发病初期喷53.8%氢氧化铜干悬浮剂1200倍液，或50%琥胶肥酸铜可湿性粉剂500倍液防治。

（六）虫害防治

1. 根结线虫病

为一种寄生虫病。根结线虫侵入根部后，刺激寄主细胞加快分裂，使根系受害部形成瘤状肿块。细根和粗根各个部位的肿块大小不一，形状各异。瘤状体初为黄白色，外表光滑，以后变成褐色，最后破碎腐烂。线虫寄生后，植株根系功能受到破坏，影响养分吸收，严重时整株枯死。

防治方法：选择肥沃的土壤栽植，建立无病留种田。与禾本科作物实行3年以上的轮作，能减轻土壤中的线虫密度；每亩用3%米乐尔颗粒剂1.5～2千克，加拌干细土50千克，于播种前10天施入土内20厘米处，并立即盖土压平，也可亩用98%棉隆（必速灭）颗粒剂5～6千克，加干细土适量拌匀，于播种或定植前15～20天开沟施药，施药后立即覆土，然后在播种或定植前3～4天先松土通气，再播种或定植。

2. 小地老虎

又名土蚕，切根虫。春季危害丹参幼苗。

防治方法：可用90%敌百虫100克拌入炒香的菜籽饼5千克作毒饵，撒入田间诱杀。

3. 银纹夜蛾

5～10月危害，尤以5～6月危害严重，该虫将丹参叶子咬成孔洞或缺刻，严重时叶片被吃光，是丹参的主要虫害。

防治方法：可用1.8%阿维菌素乳油3000倍稀释液喷雾防治。

4. 棉铃虫

幼虫钻食丹参的蕾、花、果，影响种子产量。

防治方法：现蕾期开始喷洒25%的灭幼脲乳油1000倍液或10%的高效氯氰菊酯乳油

3000倍液进行防治，每隔7天喷1次，连喷2～3次；也可用赤眼蜂、草青蛉等天敌防治。

五、采收加工

（一）种子采收加工

丹参越年开花结实，栽植后的第二年，从5月底种子开始陆续成熟。在花序上，开花和结种子的顺序是由下而上，下面的种子先成熟。种子要及时采收，否则会自然散落。如留种面积很小，可分期分批采收；如留种面积很大，可在花序上有2/3的果萼已经褪绿变黄但未完全干枯时将整个花序剪下，再剪掉顶端幼嫩部分，留下中下部的成熟种子，在晴天太阳下暴晒3天，脱粒，扬净，晒干，装袋，放在凉爽通风干燥处保存备用。

（二）药材采收加工

一般移栽的丹参当年秋天下霜后或第2年春天萌发前采挖，种子繁殖的第2年秋后或第3年春季萌发前采挖，产量高，质量好。丹参根系入土较深，质脆易断，应选晴天土壤半干时挖取。取出根系后，在田间暴晒，去掉泥土运回加工，忌用水洗。

运回的丹参，剪掉枝叶，摊在太阳下暴晒至五六成干，用手将一株一株的根捏拢，晒至八九成干再捏一次，将须根全部捏断，晒至足干。

六、药典标准

（一）性状

本品根茎短粗，顶端有时残留茎基。根数条，长圆柱形，略弯曲，有的分枝并具须状细根，长10～20厘米，直径0.3～1厘米。表面棕红色或暗棕红色，粗糙，具纵皱纹。老根外皮疏松，多显紫棕色，常呈鳞片状剥落。质硬而脆，断面疏松，有裂隙或略平整而致密，皮部棕红色，木部灰黄色或紫褐色，导管束黄白色，呈放射状排列。气微，味微苦涩。

栽培品较粗壮，直径0.5～1.5厘米。表面红棕色，具纵皱纹，外皮紧贴不易剥落。质坚实，断面较平整，略呈角质样。（图4）

图4　丹参药材（张金文 摄）

（二）鉴别

本品粉末红棕色。石细胞类圆形、类三角形、类长方形或不规则形，也有延长呈纤维状，边缘不平整，直径14～70微米，长可达257微米，孔沟明显，有的胞腔内含黄棕色物。木纤维多为纤维管胞，长梭形，末端斜尖或钝圆，直径12～27微米，具缘纹孔点状，纹孔斜裂缝状或十字形，孔沟稀疏。网纹导管和具缘纹孔导管直径11～60微米。

（三）检查

1. 水分

不得过13.0%。

2. 总灰分

不得过10.0%。

3. 酸不溶性灰分

不得过3.0%。

4. 重金属及有害元素

照铅、镉、砷、汞、铜测定法测定，铅不得过5毫克/千克；镉不得过1毫克/千克；砷不得过2毫克/千克；汞不得过0.2毫克/千克；铜不得过20毫克/千克。

（四）浸出物

1. 水溶性浸出物

照水溶性浸出物测定法项下的冷浸法测定，不得少于35.0%。

2. 醇溶性浸出物

照醇溶性浸出物测定法项下的热浸法测定，用乙醇作溶剂，不得少于15.0%。

七、仓储运输

丹参干品用麻袋码放于库房储存，一般要求温度在30℃以下，相对湿度45%～75%，要定期检查，根据情况及时翻晒。本品质脆易断，遇潮易发霉变质，运输时要防止重压、防雨、防潮。在储存、运输时不能同其他有毒、有害、易串味物质混装。

八、药材规格等级

一等品：干货。呈圆柱形或长条形。偶有分支。表面紫红色或黄红色，有纵皱纹。质坚实，皮细而肥壮。断面灰白色或黄棕色。无纤维。气弱，味甜、微苦。多为整枝，头尾齐全，主根上中部直径在1厘米以上。无芦茎、碎节、须根、杂质、虫蛀、霉变。

二等品：干货。呈圆柱形或长条状，偶有分支。表面紫红色或黄红色，有纵皱纹。质坚实，皮细而肥壮。断面灰白色或黄棕色，无纤维。气弱，味甜、微苦。主根上中部直径1厘米以下，但不得低于0.4厘米。有单支及撞断的碎节。无芦茎、须根、杂质、虫蛀、霉变。

九、药用食用价值

（一）临床应用

1. 瘀血证

对血热瘀滞引起的月经不调、经闭、痛经及产后瘀滞腹痛，可单用研末酒调服，如丹参散。治血脉瘀阻之胸痹心痛，脘腹疼痛，常与行气止痛药配伍，如丹参饮，其与砂仁、檀香等同用。治癥瘕积聚，常与破血行气、软坚散结药三棱、莪术、鳖甲等同用。治风湿痹症，常与祛风除湿药防风、秦艽等同用。治跌打损伤，肢体瘀血作痛，常与活血止痛药配伍，如活络效灵丹，也与当归、乳香、没药等同用。

2. 疮痈肿毒

本品性寒，既能凉血又能活血，有清热消痈之功，可用于热毒瘀阻引起的疮痈肿毒，常配伍清热解毒之药，如消乳汤，也与金银花、连翘等同用。

3. 心烦不眠

本品性寒凉，入心经，既可宁心安神，又能清热凉血，活血养血以安神定志。治温热病热入营分之烦躁不寐，常与清热凉血药配伍，也与生地、玄参、黄连、竹叶等同用。治血不养心之失眠、心悸，常与养心安神药配伍，如天王补心丹，也与生地、酸枣仁、柏子仁等同用。

（二）食用价值

1. 食疗方

（1）丹参地黄鸭肉汤

原料：丹参15克，生地20克，苎麻根15克，陈皮3克，红枣6克，鸭肉150克。

功效：有清热凉血、止血的功效。月经过多属血热者，可用本食谱调理。

（2）丹参香附煮鸡蛋

原料：丹参30克，香附12克，陈皮30克，鸡蛋200克，红糖适量。

功效：有行气解郁，化瘀止痛的功效。有痛经属气滞血瘀，经行不畅者，可用本食谱调理。

（3）丹参丹皮黄鳝汤

原料：丹参15克，牡丹皮15克，黄芩12克，黄鳝150克，生姜15克，红枣15克。

功效：有疏肝泻热，活血止血的功效。有产后恶露不绝属肝郁化热者，可用本食谱调理。

2. 茶疗方

原料：丹参15克，砂仁3克，檀香屑1.5克。

制法：将三味药洗净，烤干，研成粗末，制成棕黄色颗粒，每袋20克，放入热水瓶中，盖紧瓶塞，10～20分钟后即可饮用。

功效：具有行气活血，化瘀止痛的作用。

参考文献

[1] 徐任生. 丹参生物学及其应用[M]. 北京：科学出版社，1990，1-15.

[2] 张改英. 百种中草药栽培与加工新技术[M]. 北京：中国农业科学技术出版社，2007，166-172.

[3] 李方元. 人参丹参无公害高效栽培与加工[M]. 北京：金盾出版社，2003，115-197.

[4] 宋经元. 丹参[M]. 北京：中国中医药出版社，2001，31-41.

[5] 张廷模. 中药学[M]. 北京：高等教育出版社，2010，325-326.

[6] 黎同明. 百种中药保健食谱[M]. 广州：广东科技出版社，2004，40-41.

[7] 刘飞龙. 常见中药材养生大全[M]. 广州：广州出版社，2005，57.

[8] 国家药典委员会. 中华人民共和国药典[S]. 2020年版一部. 北京：中国医药科技出版社，2020：77-79.

（刘学周　甘　敏）

生长。二年生甘草进入快速生长期，为避免影响产量，要追施磷酸氢二铵每亩20千克，追肥应结合中耕除草开沟埋入根系两侧最佳。

3. 灌水

甘草播种前应浇足底水。第一年生长期应浇水2～3次，苗高10厘米左右时，浇灌“头水”，在分枝期浇灌第二次水，然后根据旱情适时浇灌第三水。第二、三年生长期也应浇水2～3次，尤其8月中旬至9月上旬要适时浇水，此时是甘草积累有效成分的最佳时间，也是甘草增重的关键时间。

五、病虫害防治

（一）虫害防治

甘草虫害主要有蚜虫、甘草萤叶甲等。蚜虫使刚刚生长的甘草幼株叶片开始出现皱缩、卷曲、逐渐枯萎，最后变黄而死亡。植株顶端新叶和嫩芽危害最甚，顶芽受到破坏后致使其幼株无法继续生长，常使整个植株枯萎死亡，一般选用内吸性杀虫剂进行防治，比如烟碱类农药吡虫啉、噻虫嗪等。甘草萤叶甲主要危害甘草叶部，造成叶片枯黄、脱落，一般在5月中下旬对越冬代与一代成、幼虫进行药剂防治，可采用菊酯类、敌敌畏等常用农药进行防治，以减少早期危害、降低虫口基数。（图4）

（二）病害防治

甘草病害主要有锈病、褐斑病等。在播种时一般选用精甲霜灵、咯菌腈或多菌灵等药剂处理种子。甘草锈病是危害甘草叶部的重要病害之一，由甘草单胞锈菌引起，常造成甘草叶片干枯、脱落，叶背面产生夏孢子、冬孢子，常用50%嘧菌酯水分散粒剂防治甘草锈病。甘草褐斑病是由甘草尾孢引起的一种甘草叶部重要病害，主要危害叶片，从下部老叶开始发病，使叶片产生近圆形或不规则形病斑，中心灰褐色，边缘褐色，常造成甘草早期落叶，使得光合作用受阻，产量降低，一般在甘草褐斑病发生初期，均匀喷雾10%苯醚甲环唑1500倍液或20%丙环唑2000倍液，间隔7天，施药2次，效果较好。（图5）

图4　蚜虫（邓庭伟 摄）

图5　甘草褐斑病（邓庭伟 摄）

六、采收加工

（一）采收

1. 采收期

大田直播甘草生长一般3～4年（育苗移栽2～3年）后，在春季或秋季采挖。

2. 采挖

利用机械将干枯的地上茎枝割掉，用悬挂单铧犁的拖拉机或挖掘机进行翻耕采挖，深度一般在35～40厘米。相较人工收挖，机械采挖可有效降低甘草根的破损率，提升甘草外观质量，达到收获要求。

（二）加工

甘草收获后，除去残茎、须根及泥土，按照粗细长短切成不同的规格并晾晒，当晒至六七成干时，按照不同规格等级分捆扎紧，放置通风干燥处，直至完全干燥。

七、药典标准

（一）性状

本品根呈圆柱形，长25～100厘米，直径0.6～3.5厘米。外皮松紧不一。表面红棕色或灰棕色，具显著的纵皱纹、沟纹、皮孔及稀疏的细根痕。质坚实，断面略显纤维性，黄白色，粉性，形成层环明显，射线放射状，有的有裂隙。根茎呈圆柱形，表面有芽痕，断面中部有髓。气微，味甜而特殊。（图6）

图6　甘草药材（邓庭伟 摄）

（二）鉴别

1. 横切面

木栓层为数列棕色细胞。栓内层较窄。韧皮部射线宽广，多弯曲，常现裂隙；纤维多成束，非木化或微木化，周围薄壁细胞常含草酸钙方晶；筛管群常因压缩而变形。束内形成层明显。木质部射线宽3～5列细胞；导管较多，直径约至160微米；木纤维成束，周围薄壁细胞亦含草酸钙方晶。根中心无髓；根茎中心有髓。

2. 粉末特征

粉末淡棕黄色。纤维成束，直径8～14微米，壁厚，微木化，周围薄壁细胞含草酸钙方晶，形成晶纤维。草酸钙方晶多见。具缘纹孔导管较大，稀有网纹导管。木栓细胞红棕色，多角形，微木化。

（三）检查

1. 水分

不得过12.0%。

2. 总灰分

不得过7.0%。

3. 酸不溶性灰分

不得过2.0%。

4. 重金属及有害元素

照铅、镉、砷、汞、铜测定法测定，铅不得过5毫克/千克；镉不得过1毫克/千克；砷不得过2毫克/千克；汞不得过0.2毫克/千克；铜不得过20毫克/千克。

5. 其他有机氯类农药残留量

照农药残留量测定法项下第一法 有机氯类农药残留量测定法测定。含五氯硝基苯不得过0.1毫克/千克。

八、仓储运输

（一）仓储

药材仓储要求符合NY/T 1056—2006《绿色食品 贮藏运输准则》的规定。仓库应具有防虫、防鼠、防鸟的功能；要定期清理、消毒和通风换气，保持洁净卫生；不应与非绿色食品混放；不应和有毒、有害、有异味、易污染物品同库存放。

（二）运输

运输车辆卫生应合格，温度在16～20℃，湿度不高于30%，具备防暑防晒、防雨、防潮、防火等设备，符合装卸要求；进行批量运输时，不应与其他有毒、有害、易串味物质混装。

九、药材规格等级

根据《中药材商品规格等级 甘草》（T/CACM 1021.6—2018）标准，将甘草药材分为“条草”“毛草”“草节”“疙瘩头”四个规格；在规格项下，根据长度范围及口径、尾径范围进行等级划分。

栽培甘草的规格分为条草、毛草、草节。

（一）条草

一等：呈圆柱形，单枝顺直。表面红棕色、淡红棕色、红褐色、棕褐色或灰棕色，皮细紧，有纵纹，斩去头尾，口面整齐。质坚实、体重。断面黄色至黄白色，粉性足或一般。味甜。间有黑心。长度25～100厘米，口径大于1.7厘米，尾径大于1.1厘米。

二等：呈圆柱形，单枝顺直。表面红棕色、淡红棕色、红褐色、棕褐色或灰棕色，皮细紧，有纵纹，斩去头尾，口面整齐。质坚实、体重。断面黄色至黄白色，粉性足或一般。味甜。间有黑心。长度25～100厘米，口径1.1～1.7厘米，尾径大于0.6厘米。

三等：呈圆柱形，单枝顺直。表面红棕色、淡红棕色、红褐色、棕褐色或灰棕色，皮细紧，有纵纹，斩去头尾，口面整齐。质坚实、体重。断面黄色至黄白色，粉性足或一般。味甜。间有黑心。长度25～100厘米，口径大于1.7厘米，尾径大于1.1厘米。

统货：呈圆柱形，单枝顺直。表面红棕色、淡红棕色、红褐色、棕褐色或灰棕色，皮细紧，有纵纹，斩去头尾，口面整齐。质坚实、体重。断面黄色至黄白色，粉性足或一般。味甜。间有黑心。口径大于0.6厘米，尾径大于0.3厘米。

（二）条草

统货：呈圆柱形，单枝顺直。表面红棕色、淡红棕色、红褐色、棕褐色或灰棕色，皮细紧，有纵纹，斩去头尾，口面整齐。质坚实、体重。断面黄色至黄白色，粉性足或一般。味甜。间有黑心。口径小于0.6厘米。

（三）草节

统货：呈圆柱形，单枝顺直。表面红棕色、淡红棕色、红褐色、棕褐色或灰棕色，皮细紧，有纵纹，斩去头尾，口面整齐。质坚实、体重。断面黄色至黄白色，粉性足或一般。味甜。间有黑心。口径大于0.6厘米。

十、药用食用价值

（一）药用价值

1. 补脾益气

用于心气虚，心悸怔忡，脉结代，脾胃气虚，倦怠乏力等。

2. 缓急止痛

用于胃痛、腹痛及腓肠肌挛急疼痛等，常与芍药同用，能显著增强治疗挛急疼痛的疗效，如芍药甘草汤。

3. 祛痰止咳

甘草有止咳化痰作用，用于气管炎、肺气肿等病引起的咳嗽痰多，气喘，黏痰不易排出等症。

4. 清热解毒

用于痈疽疮疡、咽喉肿痛，湿毒，有抗菌消炎作用。也可用于减少其他中药的解毒作用。

5. 调和诸药

如调味承气汤，用本品可缓和大黄、芒硝的泻下作用及对胃肠道的刺激。在许多处方中，常用本品调和诸药。

（二）食用价值

1. 参苓健脾补益汤

原料：党参8.3g，云苓19.2g，炒薏米3g，甘草2.4g，芸豆19.3g，白术15g，枸杞9.7g等。搭配材料：瘦肉/鸡肉/猪肚，蜜枣等。

制法：肉类洗干净，焯水，与其他材料及清水加入汤锅中大火煮开后转小火煲约2小时，食用前加盐调味。

功效：补气健脾养颜，补肾护肝，抗疲劳，有健脾和胃，宁心安神的功效。

2. 雪梨滋阴润肺汤

原料：雪梨干28.3g，百合16.7g，沙参14.9g，玉竹8.5g，天冬10.7g，麦冬8.2g等。搭配材料：250克瘦肉，生姜。

制法：肉类洗干净，焯水，与其他材料及清水加入汤锅中大火煮开后转小火煲约2小时，食用前加盐调味，亦可直接煲水作为日常饮品饮用。

功效：滋阴清热，润肺止咳，常饮有助增强肺腑免疫能力。

3. 天麻八珍汤

原料：天麻10.6g，党参10g，白术9.5g，茯苓19.9，甘草3.2g，当归7.4g，白芍10.7g等。搭配材料：鸡，鱼头，羊肉，生姜。

制法：肉类洗干净，焯水，鱼头可先用油煎至金黄色，与其他材料及清水加入汤锅中大火煮开后转小火煲约2小时，食用前加盐调味。

功效：补气益血，调理身体。气血两虚者宜用，外感者忌服。

4. 四乌补益汤

原料：首乌28.7g，杜仲15.4g，乌枣24g，黑豆39.5g等。搭配材料：核桃10个去壳留仁，羊肉500克（或乌鸡一只），生姜三大片。

制法：肉类洗干净，焯水，与其他材料及3000毫升清水加入汤锅中大火煮开后转小火煲约3小时，食用前加盐调味。

功效：补肾益精，生发乌发，益气补血。

5. 养心安神汤

原料：金针18.6g，黄豆20.7g，元肉14.5g，枸杞10.6g，莲子13.5g等。搭配材料：猪肉，鸡脚，生姜2片。

制法：肉类洗干净，焯水，与其他材料及清水加入汤锅中大火煮开后转小火煲约2小时，食用前加盐调味。

功效：安心养血宁神，明目益智，清润除燥。

6. 甘草荷叶饮

原料：甘草，新鲜的荷叶，清水。

制法：荷叶洗干净之后撕碎，甘草洗干净备用。将荷叶和甘草一起放入开水中大火熬煮10分钟，过滤，留下药液服用。

功效：清热解毒，清凉消炎。

7. 甘草鱼丸红薯汤

材料：甘草，红薯，鱼丸，葱姜，食盐，清水。

制法：红薯清洗干净之后去皮切块，然后和甘草、生姜、清水一起放入锅中，大火烧开。再用小火熬煮20分钟之后，加入葱、鱼丸，继续大火煮15分钟，关火，加入食盐调味。

8. 甘草盐拌杂果

原料：甘草盐，香蕉，西瓜，蟠桃。

制法：将所有的水果洗干净之后切成自己喜欢的形状，放入盘子，加上适量的甘草盐搅拌即可。

注意：这种方法制作出来的水果一定要尽快吃掉，避免变质。

9. 甘草三豆饮

原料：甘草，绿豆，红豆，黑豆。

制法：选择新鲜的甘草，洗干净后备用。绿豆、红豆、黑豆洗干净之后浸泡1小时。将准备好的豆子和甘草一起放入锅中，加入适量的清水炖煮，熟透即可。

功效：清热解毒，利尿利湿，特别适合治疗小儿水痘。

10. 解忧甘草茶

原料：甘草，红枣，小麦，开水。

制法：将所有的材料一起放入锅中，小火熬煮15分钟，过滤之后直接服用药液。

功效：解忧，健脾，益气，适合睡眠质量不好或者经常焦虑不安的人群服用。

参考文献

[1] 国家药典委员会. 中华人民共和国药典[S]. 2020年版一部. 北京：中国医药科技出版社，2020：88–89.

[2] 令小峰. 甘草种植技术规程[J]. 现代农业，2018，07：9–10.

[3] 杨彩霞，高立原. 甘草萤叶甲的调查及初步研究[J]. 宁夏农林科技，1996，6：21–23.

[4] 武文霖，朱国军，傅密宁，等. 甘草蚜虫为害情况调查及防治的研究[J]. 植物保护学报，1990，01：84，94.

[5] 陈宏灏，张治科，南宁丽，等. 防治甘草锈病的药剂筛选[J]. 农药，2014，53（5）：377–378.

[6] 李建军，周天旺，李继平，等. 6种杀菌剂对甘草褐斑病的田间药效评价[J]. 中国植保导刊，2013，4：48–50.

[7] 国家医药管理局，中华人民共和国卫生部. 七十六种药材商品规格标准 [S]. 1984，4–5.

（邓庭伟）

bai shao 白芍

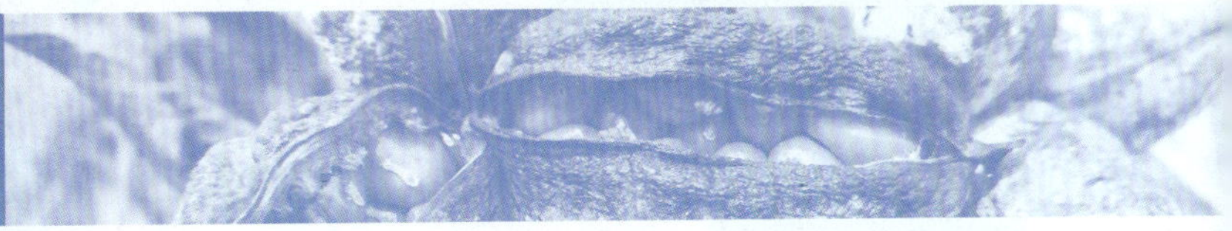

本品为毛茛科植物芍药*Paeonia lactiflora* Pall.的干燥根。

一、植物特征

多年生草本植物，高50～80厘米，根肥大，通常呈圆柱形或略呈纺锤形。茎丛生，直立，无毛。叶互生，具长柄。茎下部为二回三出复叶，上部为三出复叶，小叶狭卵形、披针形或椭圆形，长5～12厘米，宽2～4厘米，先端渐尖或锐尖，基部楔形，全缘，叶缘具白色骨质细齿。花大，单生于茎的顶端，萼片3～4，叶状，花瓣10片或更多，白色、粉红色或紫红色，雄蕊多数，心皮3～5，分离。蓇葖果3～5，卵形，先端外弯成钩状，无毛。花期5～6月，果期7～8月。（图1，图2，图3）

图1　芍药（董生健 摄）

图2　芍药（马正军 摄）

图3　芍药果实（马杰 摄）

二、资源分布概况

白芍主产于安徽、浙江、四川、河南，产于安徽亳州的称“亳白芍”，产于浙江杭州的称“杭白芍”，产于四川中江地区的称“川白芍”或“中江白芍”。此外，江苏、山东、河南、江西、湖南、贵州、陕西、甘肃、河北等地亦有栽培。

甘肃以兰州、临夏、临洮、陇西、平凉种植最为广泛，已有一千多年的移栽历史。（图4）

三、生长习性

芍药耐寒，冬季培土能安全越冬。一般在10月下旬土地封冻前，在离地面8厘米的地方剪去枝叶，并在根部壅土，就可以保证安全越冬。芍药也耐高温，42℃的高温也能越夏。耐干旱，怕潮湿，忌积水，雨水多会引发根腐病。喜光，山地栽培应选向阳坡地，四周不可有树林及高坡荫蔽，以免影响产量。土壤以砂质壤土、夹砂黄泥土、冲积壤土为好。忌连作。

图4　华亭市芍药种植基地（刘燕霞 摄）

四、栽培技术

（一）种植材料

药用芍药品种相对单一，花色主要为红、白两色。据调查，我国药用芍药有6个栽培品种，分别是亳州芍药、菏泽芍药、白花川芍药、红花川芍药、白花杭芍药、红花杭芍药。

（二）选地与整地

芍药喜欢温暖湿润的气候，耐寒抗旱。适合选向阳、地势干燥、土层深厚、排水良好、疏松肥沃、富含腐殖质的壤土、砂壤土或沙淤两合土栽培。芍药不耐连作，一般需间隔2～3年后再栽种，前茬选择禾本科、豆科作物为好，甘肃多以玉米、小麦、豆类、甘薯倒茬。栽种前应精耕细作，结合耕地每亩施腐熟的农家肥3～4吨，然后深耕（建议深耕30～60厘米），耙平，作畦，畦宽1.5米，畦间距30厘米 。如地势低洼，应作高畦，同时在地块四周开设排水沟，以利排水。

（三）繁殖方法

芍药的繁殖方式主要有芍头繁殖、分根繁殖和种子繁殖。

1. 芍头繁殖

在收获芍药时，切下根部加工成药材。所留下的芍头，选择形状粗大、芽头饱满、无病虫害的，按芍头大小、芽的多少，顺其自然用刀切成2～4块，每块有粗壮的芽苞2～3个，供栽种用。一般生长良好的芍药，1亩地所得到的芍头可以种植2～4亩。

2. 分根繁殖

在收获芍药时，切下粗壮的根部加工成药材。选择笔杆粗细的芍根，按其芽和根的自然形状切分成2～4株，每株留芽和根1～2个，根长宜18～22厘米，剪去过长的根和侧根，供栽种用。每亩用芍根100～120千克。

值得注意的是，繁殖用的芍头和芍根都不能立即栽种，必须进行贮藏。贮藏方法是：选平坦干燥处，挖宽70厘米、深20厘米的坑，长度视芍头、芍根的多少而定，坑的底层放6厘米厚的沙土，然后放上一层芍头或芍根，芽孢朝上，再盖一层沙土，厚约5～10厘米，芽孢露出土面，以后经常检查贮藏情况，以保持沙土不干燥为原则。每过2～3周应检查1次，因沙土容易下漏，使芍头或芍根露土，易发生干腐，应及时加湿润沙土。贮藏时发现霉烂要及时翻堆。

3. 种子繁殖

8月中下旬，采集成熟而籽粒饱满的种子进行贮藏，多采用沙藏法，即用湿润黄沙（1份种子，3份沙）混拌贮藏于阴凉通风处，至10月中下旬播种。（图5，图6）

播种前用50℃左右的温水浸泡种子12～24小时，或者用1000毫克/升的萘乙酸浸泡种子10～15分钟，可以明显提高芍药种子的发芽率。播种可采用条播法，按行距20～25厘米开沟，沟深6～7厘米，每隔8厘米播8～10粒种子，盖上细土，然后压实。如有条件，可覆盖一层薄草，保温保湿。来年4月上旬，幼苗出土时，及时揭去覆草，以利幼苗生长。在7月进行第一次施肥，冬季要覆土防冻，第三年秋季即可移栽。每亩用种量45千克。

图5　成熟的芍药种子（刘燕霞 摄）

图6　芍药种子沙藏层积处理（董生健 摄）

（四）栽植

1. 栽种时间

一般宜在10月，但以早栽种为好，有利于早发根和生长。最迟不超11月上旬。栽种过迟，贮藏的芍头和芍根已发出新根，栽时易折断，同时气温下降对发根不利，影响第2年的生长。

2. 栽种方法

不论平畦或高畦，均按行距45～60厘米，株距30～40厘米栽种。用芍头种，开浅平穴，每穴种芍头2个，并排放于穴内，相距4～5厘米，切面朝下，覆土8～10厘米，堆成馒头状或垄状。分根栽种，一般用锄头开穴，穴开成45°的斜面，深约20厘米，每穴种2条根，头朝南，根向北，栽于斜面上，芽头与畦面持平，将两根栽成外“八”字形，用少量土固定芍根，然后在根尾部上方施入腐熟的农家肥、过磷酸钙，再覆土，堆成馒头状或垄状均可，适当培土。育苗移栽以行距50厘米，株距35厘米为宜，用窄刃锄头开穴，穴深20～25厘米（具体以苗子大小而定），将苗子倾斜30～45°放入穴内，每穴1个苗子，苗头离地面2～3厘米，覆土，镇压。（图7，图8）

（五）田间管理

1. 中耕除草

栽种次年，红芽露出后，应及时中耕除草。但此时芍根纤细，扎根不深，不宜深锄。切忌在植株旁松土除草，以免损伤芍根，影响生长。芍药出苗后每年中耕除草和培土3～4次。10月下旬，在离地面5～7厘米处割去茎叶，全面中耕除草，并在根际周围培土10～15厘米，以利越冬。（图9）

2. 施肥

芍药喜肥，除施足基肥外，每年要追肥1～2次，春夏以腐熟人粪尿以及磷酸氢二铵为主，秋冬以土杂肥、农家肥为主。第一次在幼苗出土时，每亩施腐熟人粪尿500～1000千克、磷酸氢二铵10千克。入冬前每亩可追施土杂肥或农家肥1000千克。芍药施肥量在第1、2年较少，第3、4年可适量增多。施肥时，应在植株两侧开穴施入。（图10）

图7　芍药苗子（刘燕霞 摄）

图8　大田栽植（刘燕霞 摄）

图9　芍药中耕除草（刘燕霞 摄）

图10　芍药施肥（马杰 摄）

3. 排灌

芍药耐旱怕水，一般不需灌溉。严重干旱时，宜在傍晚浇水。多雨季节应修排水沟及时排水，防止烂根。

4. 亮根

部分产地在芍药生长2年后，每年在清明节前后，将其根部的土扒开，使根露出一半晾晒，称为“亮根”，晾5～7天，再培土壅根，这不仅能起到提高地温、杀虫灭菌的作用，而且能促进主根生长，提高产量。

5. 摘蕾

在4月中下旬现蕾时，选晴天将花蕾全部摘除，以利于集中养分，促进根的生长。要收种的植株，宜适当去掉一些小的花蕾，其余留下，以备采籽。

（六）病虫害防治

1. 芍药灰霉病

危害芍药的茎、叶及花，一般在花后发生，高温多雨时发病严重。受害叶部病斑褐色，近圆形，有不规则轮纹；茎上病斑菱形，紫褐色，软腐后植株倒伏；花受害后变为褐色并软腐，其上有一层灰色霉状物。（图11）

防治方法：选用无病的种栽，栽种前用35%代森锌300倍液浸泡芍头和种根10～15分钟后再下种。合理密植，加强田间通风透光，清除被害枝叶，集中烧毁，减少病害的发生；忌连作，宜与玉米、高粱、豆类作物轮作。发病初期，可用1∶1∶120波尔多液喷洒，每7～10天1次，交替连喷3～4次。

2. 芍药锈病

为一种由真菌引起的病害，危害叶片。5月上旬开花以后发生，7～8月发病严重。初期在叶背出现黄色、黄褐色颗粒状夏孢子堆，后期叶面出现圆形和不规则的灰褐色斑，背面则出现刺毛状的冬孢子堆。防治方法：发病初期，可喷洒97%敌锈钠400倍液和15%粉锈宁，每7天1次，连喷数次；收获时，清除残株病叶或集中烧毁，以消灭越冬的病原菌。

图11　芍药灰霉病（马杰 摄）

3. 芍药软腐病

主要危害芽头。病菌多从芍芽切口侵入发病。发病初期切口处现水渍状褐色病斑，后变软呈黑色，手捏可流出浆水。病部常有灰白色绒毛，后顶端生出小黑点，最后干缩僵化。防治方法：软腐病系病菌从芍芽切口侵入，故贮藏芍芽的沙土，最好用50%多菌灵800～1000倍液消毒处理，并贮在通风干燥处。

此外，尚有叶斑病、叶霉病、根腐病、芍药炭疽病、芍药轮斑病、芍药疫病等多种病害危害芍药。

4. 蛴螬

为华北大黑鳃金龟和暗黑鳃金龟的幼虫。主要咬食芍根，造成芍根出现凹凸不平的孔洞。防治方法：①在成虫盛发期，点灯或日落后树下烧火诱杀；或用40%乐果乳油1500倍液喷洒。②幼虫可用90%敌百虫1000～1500倍液灌根；或用百部、苦参、石蒜等植物提取液灌根。

5. 小地老虎

除进行人工捕捉外，于4～6月，可用90%敌百虫1000～1500倍液灌根。

五、采收加工

（一）采收

芍药一般种植3～4年后采收，采收时间多在8～10月，过早过迟都会影响产量和质量。采收时，宜选择晴天，割去茎叶，先掘起主根两侧泥土，再掘尾部泥土，挖出全根，起挖时务必小心，谨防伤根。

（二）加工

1. 传统白芍加工法

挖出全根，去净泥土，修去头尾和支根。将修好的芍根按粗细分为大、中、小3档，清水洗净，然后放入已烧开的沸水中烫煮，煮时要不断翻动。粗根煮约15分钟，中根煮约10分钟，细根煮约5分钟，待芍根表皮发白，有香气，手能捏动，竹签能不费力穿透或用手能折断，内外色泽一致，即表明已煮透。煮烫时，宜3～4锅换一次清水，勤换水，芍条色白，将煮透的芍根迅速捞出浸入凉水中，用竹片或不锈钢刀刮去外皮。去皮后，切齐头尾及时晒干。晒时要经常翻动，切忌强光暴晒，通常上午晒，中午收回，下午2点以后再晒，晒至7～8成干（否则会出现“刚皮”，即外皮刚硬，内部潮湿，易发霉变质，一般以多阴少晒为原则），装入麻袋或堆放于室内，用草包或芦席盖上，闷2～3天，使内部水分蒸出，然后再晒3～5天，如此反复，至内外完全干燥。

2. 生晒芍加工法

生晒芍主要出口日本及东南亚国家。有全去皮、部分去皮和连皮3种规格。全去皮，即不经煮烫，直接刮去外皮晒干；部分去皮，即在每支芍条上刮3～4刀皮；连皮，即采挖后，去掉须根，洗净泥土，直接晒干。去皮与部分去皮的时间以晴天上午9点至下午3点为好，用竹刀或玻璃片刮皮或部分刮皮，晒干即得。

六、药典标准

（一）性状

本品呈圆柱形，平直或稍弯曲，两端平截，长5～18厘米，直径1～2.5厘米。表面类白色或淡棕红色，光洁或有纵皱纹及细根痕，偶有残存的棕褐色外皮。质坚实，不易折断，断面较平坦，类白色或微带棕红色，形成层环明显，射线放射状。气微，味微苦、酸。（图12）

图12　白芍

（二）鉴别

本品粉末黄白色。糊化淀粉粒团块甚多。草酸钙簇晶直径11～35微米，存在于薄壁细胞中，常排列成行，或一个细胞中含数个簇晶。具缘纹孔导管和网纹导管，直径20～65微米。纤维长梭形，直径15～40微米，壁厚，微木化，具大的圆形纹孔。

（三）检查

1. 水分

不得过14.0%。

2. 总灰分

不得过4.0%。

3. 重金属及有害元素

照铅、镉、砷、汞、铜测定法测定，铅不得过5毫克/千克；镉不得过1毫克/千克；砷不得过2毫克/千克；汞不得过0.2毫克/千克；铜不得过20毫克/千克。

4. 二氧化硫残留量

照二氧化硫残留量测定法测定，不得过400毫克/千克。

（四）浸出物

照水溶性浸出物测定法项下的热浸法测定，不得少于22.0%。

七、仓储运输

（一）贮藏

由于本品富含淀粉，容易生霉、虫蛀、变色，因此贮藏期间要定期检查，一旦发现有生霉、虫蛀和变色的现象，应立即翻晒和处理。有条件的地方可进行密封抽氧充氮养护。

（二）运输

白芍为大宗药材，需求量较大，运输时尽量不要与其他有毒、有害、有异味的药材混装。运输车辆和运载工具应清洁，装运前要消毒。运输过程中尽量缩短运输时间。

八、药材规格等级

干燥的芍药以条粗长、身干体坚、色白、粉性足、切口整齐、无虫蛀、无霉变者为佳。白芍的商品规格分为8个等级。

一等：长 8厘米以上，中部直径1.7厘米以上，无芦头、无花麻点，破皮、裂口、夹生、杂质、虫蛀及霉变。

二等：长6厘米以上，中部直径1.3厘米以上，间有花麻点，余则同一等品。

三等：长4厘米以上，中部直径0.8厘米以上，间有花麻点，余则同一等品。

四等：长短粗细不分，兼有夹生、花麻点、破条、头尾、碎节或未去净栓皮，但无枯芍、杂质、虫蛀、霉变。

五等花片：切去主、侧根余下部分经加工后的切片，边缘不规则，内有白圈和糖心，无虫蛀，霉变。

六等花个：外皮被害虫咬伤留有较深的痕迹，或有内伤，断面发黑，或有炸心、白圈、夹生，无虫蛀、霉变。

七等狗头：芍药头切去芍芽后余下的块状部分，无虫蛀及霉变，不黑心。

八等花帽：主、侧根经加工后两头切下的部分，无黑皮、无碎末、无霉变。

九、药用食用价值

（一）临床应用

1. 月经不调，经行腹痛，崩漏，自汗、盗汗

白芍能养血敛阴，治妇科疾病，常与当归、熟地黄、川芎等药配合应用。本品如与桂枝同用，能协调营卫，用以治疗外感风寒、表虚自汗而恶风；与龙骨、牡蛎、浮小麦等同用，可敛阴潜阳，用以治疗阴虚阳浮所致的自汗、盗汗等症。

2. 肝气不和所致的胁痛、腹痛，以及手足拘挛疼痛

白芍养血而柔肝，缓急而止痛，故可用于肝气不和所致的胸胁疼痛、腹痛及手足拘挛等症。治胁痛，常与柴胡、枳壳等同用；治腹痛及手足拘挛，常与甘草配伍；治痢疾腹痛，可与黄连、木香等同用。

3. 肝阳亢盛所引起的头痛、眩晕

白芍生用，能敛阴而平抑肝阳，故可用于肝阳亢盛的头痛、眩晕等症，常与桑叶、菊花、钩藤、白蒺藜等同用。

（二）食疗与保健

1. 白芍药膳

白芍可食用，最早记载于西汉枚乘所著的《七发》，延续至今留下的食用方颇多，如白芍炖乳鸽、白芍当归蜜饮、白芍养血止痛粥等。

（1）白芍炖乳鸽

原料：白芍10克、枸杞子10克、乳鸽300克、姜10克、清水1000克、盐5克、糖1克、胡椒粉1克、鸡精3克。

做法：首先将乳鸽斩块汆水，白芍洗净，姜切片待用，将锅上火，倒入清水，放姜片、乳鸽、白芍、枸杞子，大火烧开转小火煨40分钟，调味，即成。

功效：养阴调经、补虚止汗。

（2）白芍当归蜜饮

原料：白芍20克、当归5克、制何首乌5克、蜂蜜20克。

做法：将白芍、当归、制何首乌入锅，加适量水，煎煮30分钟，去渣留汁，等汤汁转温后调入蜂蜜，搅匀即成。

功效：养血益气、益精生发。

（3）白芍养血止痛粥

原料：白芍15克、黄芪15克、当归15克、泽兰10克、粳米100克、红糖适量。

做法：将白芍、黄芪、当归、泽兰煎煮15分钟，去渣取汁，放入粳米煮粥，将熟烂时加入适量红糖即可。

功效：补气血、健脾胃、止疼痛，主治妇女痛经。

2. 美白方剂

《医学入门》记载的三白汤："白芍、白术、白茯苓各5克，甘草3克，水煎，温服。"这个方子最初治疗伤寒虚烦，后来发现可以补气益血、美白润肤，继而广泛流传。此方配伍精当，适于气血虚寒导致的皮肤粗糙、萎黄、黄褐斑、色素沉着等。该方剂从调和气

血、调理五脏的功能入手，从而达到美白祛斑的功效。

3. 衍生产品

芍药浑身是宝，其花瓣、花蕊皆可制成茶饮，有养阴清热、柔肝舒肝的功效，能改善面部黄斑、皮肤粗糙、月经不调、内分泌紊乱等症状。芍药籽中不饱和脂肪酸含量高，尤其是亚麻酸的含量高达30%～67%，而亚麻酸对调节血脂、提高人体免疫功能等亚健康状态有明显改善作用。

参考文献

[1] 国家药典委员会. 中华人民共和国药典[S]. 2020年版一部. 北京：中国医药科技出版社，2020，108-109.

[2] 丁雪梅. 白芍的特性及栽培技术[J]. 新疆农业科技，2008（2）：35.

[3] 陈素娟. 白芍栽培技术[J]. 农村科技，2007（7）：60.

[4] 孙力娟. 中草药白芍栽培技术[J]. 北京农业，2007，（31）：15-16.

[5] 李小军，冯海霞. 观赏药用植物白芍的栽培技术[J]. 安徽农学通报，2006（4）：44.

[6] 滕雪梅. 无公害白芍栽培技术[J]. 特种经济动植物，2006（10）：34.

[7] 邓煜. 药用植物白芍的栽培技术[J]. 农业科技与信息，2006（12）：44.

[8] 张美仙，周德华. 白芍栽培技术及效益[J]. 现代农业，2004（7）：59.

（马　杰）

dang gui 当归

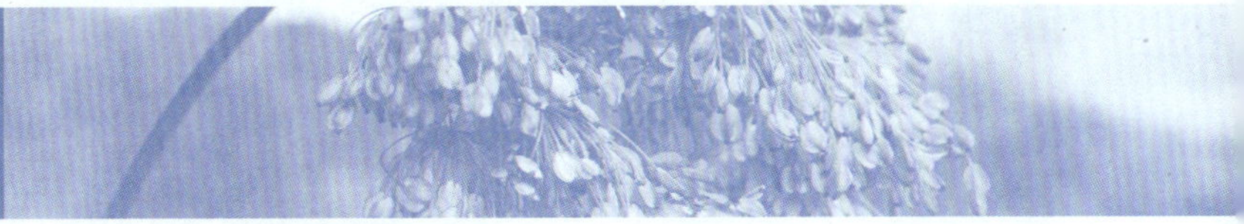

本品为伞形科植物当归*Angelica sinensis*（Oliv.）Diels的干燥根。

一、植物特征

多年生草本，高40～100厘米，主根短粗，肥大肉质，类圆柱形，具多数粗长支根。表面黄棕色，有特异香气。茎直立，带紫色，有明显的纵槽纹，光滑无毛，叶3出，2～3回羽状分裂，叶柄长3～13厘米，基部扩大呈管状的薄膜质鞘，紫色或绿色，基生叶及茎下部轮廓为卵形，长8～18厘米，宽15～20厘米，子叶片3对，下部的1对小叶柄长0.5～1.5厘米，近顶端的一对无柄，末回裂片卵状或卵状披针形，长1～2厘米，宽5～15毫米，2～3浅裂，边缘有缺刻状锯齿，齿端有尖头，叶下表面及边缘被稀疏的乳头状白色细毛；茎上部叶简化成囊状的鞘和羽状分裂的叶片。复伞形花序顶生，伞梗约10～19厘米，长短不等，基部有2枚条形总苞片或缺；每一小伞形花序有花12～36朵，小总苞片2～4枚，条形，花梗细长，密被细柔毛；萼齿5；花瓣5，白色，长卵形，先端狭尖，略向内折；雄蕊5，花丝内弯；子房下位，花柱短，基部圆锥形。双悬果椭圆形，长4～6毫米，宽3～4毫米，成熟后紫色；悬果瓣具5棱，侧棱展宽翅，每棱槽中具油管1，接合面具油管2。花期7～8月，果期8～9月。（图1）

图1　当归（郭增祥 摄）

二、资源分布概况

当归以人工种植为主，主要分布在甘肃、云南等地。野生当归主要分布于甘肃省岷县、宕昌县和迭部县。在分布区域内，甘肃省岷县、宕昌县、漳县为主产区，同时也是最佳适宜种植区，质量最好，面积最大，栽培历史悠久，其产品销往全国并大量出口。其中以岷县出产的当归骨质重、气香浓、油性足、质量好，习称“岷归”。

三、生长习性

当归产于高寒阴湿山区，为低温长日照植物，温度、光照和湿度为影响其生长的主要气候因子。当归性喜阴湿凉爽气候，忌干旱、高温和多雨积水环境，抗旱性和抗涝性均弱，适宜生长于海拔2200～3000米的高寒阴湿坡地。产区气候条件：年均气温4～13℃，年积温（≥10℃）为2000～3000℃，年最低温-26℃左右，年降水量600～800毫米，年平均日照时数为2100～2300小时，空气相对湿度65%～80%，无霜期90～130天。当归栽培对土壤要求不严，土质疏松、土层深厚、富含有机质和排水良好的中性、微酸性或微碱性土壤均可，在大黑土（pH7）、黑麻土（pH6.5）、黑砂土（pH7）、白黄土（pH7～8）及红砂土中均能生长，以中性或弱碱性富含腐殖质的砂质土壤较好。

四、种子种苗繁育技术

当归为有性繁殖植物，以种子繁殖、育苗移栽为主要生产方式。

（一）种子繁育技术

2009年以来，岷县中药材产业发展办公室、定西市旱作农业科研推广中心（现更名为：定西市农业科学研究院）先后选育出了岷归1号、岷归2号、岷归3号、岷归4号、岷归5号、岷归6号等优良品种。不同品种的种子繁育技术均与岷归1号繁育技术相同。一般采用3年生当归种子进行育苗。留种用的种苗来源于上年当归育苗田采挖时边挖边埋入苗床的小苗，在育苗田间越冬，种苗直径2～3毫米，无病虫感染，第二年返青出苗后，农户俗称“毛药”。

1. 留种田选择

选择排水良好、周围环境无污染、人畜不易践踏的“毛药”地块。种植面积相对集中，土壤肥沃，质地疏松、有机质含量高、气候凉爽、降水均匀的高海拔区域，且留种区域相对固定，无麻口病、根腐病、地下虫害的田块。（图2）

图2　当归留种“毛药”田（郭增祥 摄）

2. 留种田田间管理

留种田第二年返青后进行正常田间管理。苗高10～15厘米时进行间苗、中耕除草及追肥。除草3～4次，当年不采挖，继续在田间越冬。第三年5月上旬返青，除草一次；6月中下旬地上茎开始抽出地面，并迅速伸长，最高达1.5米，6月中下旬抽薹开始后，用80%多菌灵或苯醚甲环唑·嘧菌酯悬乳剂与吡虫啉1500倍液叶面喷雾，预防当归根腐病、褐斑病等，每隔7天左右喷一次，共喷2次；7月中下旬开花，8月下旬至9月上旬果实成熟即可采收（图3）。

图3　当归采种田（郭增祥 摄）

3. 种子采收

当归种子成熟的标志是果穗下垂、果翅展开、颜色由紫色变为粉白色。根据种子成熟情况在无露水时分期分批采收，宜从顶穗开始采收，10～15支扎成1把，5～7天后采收侧穗。果皮青绿色、果翅未展开的嫩子、种皮干枯的老熟种子，不宜采收。（图4，图5）。

图4　当归种子乳熟期（郭增祥 摄）

图5　当归种子成熟期（郭增祥 摄）

4. 种子风干

采收的果穗悬挂在阴凉、通风、干燥、无烟、无污染的棚内，2个月后即可脱粒。（图6）

图6　当归种子风干（郭增祥 摄）

5. 种子脱粒

选择晴天，将风干的果穗把取下，放在清洁、干燥的蓬布上晾晒1～2小时，手工脱粒，要尽量保持果翅完整，剔除杂物。也可在第二年育苗前脱粒。（图7）

6. 种子贮藏

种子脱粒后，在室内篷布上摊开晾置8小时左右，然后装入通透性良好的袋子中，每袋不宜超过10千克，放置在通风、阴凉、干燥的贮藏室内。贮藏期间应避免烟熏、阳光照射，注意防潮、防虫。当归种子贮藏一般不宜超过第二年6月中旬，长期存放需置于低温下贮藏。

图7　当归种子脱粒（潘哈想 摄）

（二）种苗繁育技术

1. 选地整地

当归育苗一般选择2500～2800米的二阴坡地，前茬以禾本科、豆类、油菜及马铃薯等作物，轮作3年以上的耕地。土壤以黑土、黑垆土、黑钙土为宜。每亩施农家肥3000千克或腐熟油渣100千克，配合施用三元复合肥20～30千克。结合播前翻地，每亩用含有淡紫拟青霉的生物农药2千克、哈茨木霉1千克、绿僵菌2～3千克与50千克湿润细土拌匀后撒施地表，翻入耕层，预防地上病害和地下虫害。地块整平后，即可做畦。

2. 种子处理

播种前将种子置于棚膜上，每10千克当归种子用枯草芽孢杆菌粉剂20克兑水500毫升配成药液，均匀喷洒在种子上，闷种一昼夜即可播种。

3. 播种

高海拔山区一般6月上旬育苗，低海拔山区一般6月中下旬育苗。播种时间以播种到采挖110天计算。每亩用当归种子7～8千克。

播种时，一边做畦，一边播种。顺坡作畦，畦面宽100～120厘米，畦间排水沟宽30厘米，畦高15～20厘米，畦长方向顺着上下坡方向，整平地块后，边播种边覆土，防止种子被风吹走，覆土厚度0.2～0.3厘米，以刚好覆盖严种子为度。播种结束后，用麦类秸秆均匀覆盖畦面，覆草厚3～5厘米；也可用透光率50%遮阳网遮阴，保持遮阳网离地面高度30厘米左右。

4. 苗床管理

当归种子播种后，一般15～20天即可出苗。7月中旬苗出齐后，开始第一次除草，边除草，边覆盖好麦草，或者拔草结束后，覆盖好遮阳网。7月下旬开始第二次除草。8月中下旬结合第三次除草，在当归苗长至8～10厘米高时，选择阴天或多云天气，手工揭去覆草或者遮阳网，清除所有杂物，拔除苗床杂草。（图8）

5. 病虫害防治

7月下旬至8月下旬，每亩用噻虫嗪乳油或噁霉灵乳油15～20毫升兑水30千克，喷雾防治跳甲、蚜虫等病虫害。

6. 追肥

当归苗生长到后期可根据苗情进行追肥，追肥以速效氮肥为好。每亩可用尿素5千克和磷酸二氢钾50千克，在下雨前进行撒施。

7. 起苗

9月下旬至10月上旬，气温降至5℃左右时开始起苗。挖松耕层，手工拣出种苗。

图8　当归育苗生长中期（郭增祥 摄）

8. 选苗捆苗

在挖苗过程中，将不合格的过小苗、过大苗、侧根过多的苗、病苗、虫伤及机械伤苗除去。当归苗挖出拣选后，手工揪掉幼苗上的叶片，留下1厘米长的叶柄，根部适量带土捏成块（苗土比例约1：1），约100苗捆成一把。

9. 贮苗

准备好晾苗的场所：在室外靠南的墙根或阴凉、地势干燥、不积水处搭建简易棚或者种苗贮藏库，要求通风条件良好、避雨、遮阴，防止鼠害或者积水。当归苗采挖后，运回贮苗场所，将当归苗把头朝外，尾朝内，堆码成长1米、宽50厘米、高40～50厘米的苗堆，使其自然通风失水，至10月下旬或者11月上旬，防止苗堆发热引起种苗腐烂。

在简易棚或种苗贮藏库内，在地面铺一层细生土，将苗把苗头朝外尾朝里一层苗一层土（土层厚度5厘米左右，填满苗把间空隙）码成垛（高1米左右），在苗堆四周距离苗堆10厘米处，用砖块或土块垒起，中间用湿润细生土填实，苗堆顶部覆盖湿润生土30厘米左右，在地面结冰时，苗堆表面用棚膜覆盖，防止表面水分蒸发，苗把失水。（图9）

图9　当归苗贮藏（郭增祥 摄）

五、栽培技术

（一）地块选择

当归栽培选择土层深厚、排水良好、疏松肥沃的地块，选择在海拔2200～2800米的耕地，前茬作物以麦类、油菜为最好，豆类作物或马铃薯等作物次之，轮作倒茬3年以上，忌重茬、连茬、迎茬种植。

（二）土壤处理

播种前深翻地块，深度30厘米。为了有效预防病虫害，在进行科学农业防治的基础上，要做好土壤处理。耕地深翻后，用含有淡紫拟青霉生物农药3～4千克、哈茨木霉1千克、绿僵菌4～5千克与50千克湿润细土拌匀，撒施地表后及时施耕翻入耕层，可防治麻口病、根腐病、水烂病及蛴螬、金钟虫等病虫害。施用过生物农药的地块，严禁施用化学杀菌剂，以免影响生物农药药效。

（三）施足基肥

以有机肥为主，化学肥料为辅，亩施腐熟农家肥3000千克以上，农家肥不足的地块，亩施腐熟油渣100千克或者炒熟的油菜籽10～15千克，配施磷酸氢二铵或三元复合肥40千克左右，也可施用当归专用肥，每亩40～50千克。农家肥及配方施用的化学肥料在翻地前均匀撒于地表，随翻地埋入耕作层土壤中。

（四）优选种苗

选用直径3～5毫米、生长均匀健壮、无病害感染、无机械损伤、侧根少、表皮光滑、百苗重60～80克的岷归1号优质种苗，参照原甘肃省质量技术监督局发布DB62/T 2549—2014《中药材种苗 当归》标准选用一级当归种苗。

（五）适时移栽

覆膜后，于3月下旬至4月中旬当归苗未发芽前移栽为宜，一般亩保苗10000穴左右。

（六）栽培模式

1．地膜覆盖，垄面平栽

适用于甘肃岷县西川、南川洮河、迭藏河沿岸各乡镇及临潭县、卓尼县等栽培区。3月下旬至4月上旬，翻地整地后，及时抢墒覆盖黑色农用地膜。岷县、漳县、宕昌县、卓尼县、临潭县、渭源县部分栽培区选用幅宽120厘米或100厘米，厚度0.1毫米的黑色除草膜，按照垄面宽100厘米或80厘米做平垄，覆膜，垄间距30厘米。行距25厘米，株距25～30厘米，一般每垄栽4行。移栽时，在膜面上用窄铁铲开穴，每穴双苗移栽，将经过挑选、浸苗处理的当归苗按大小苗搭配，一穴两苗移栽。当归苗充足的农户，可按照株距15厘米，精选中小苗单苗移栽。在垄沟间取湿润细土，在苗穴覆土，高度5厘米左右，移栽结束后，自然形成一个高度10～15厘米的垄面。

2. 地膜覆盖，高垄栽培

适用于岷县北路干旱区、东部高寒阴湿区、漳县高寒阴湿沟谷区。岷县北部地膜覆盖的作用主要是集雨保墒，东部高寒阴湿区等地膜覆盖的作用是排水保肥，降低当归根系周围湿度。移栽时间为4月上旬至4月中旬。翻地整地后，及时抢墒覆盖幅宽75～80厘米，厚度0.1毫米的黑色除草膜，按照垄面宽60厘米做高垄覆膜，高度10～15厘米，行距30厘米，株距20～25厘米，一般每垄移栽2行。移栽时，在膜面上用窄铁铲开穴，每穴双苗移栽，在垄沟间取土覆盖苗穴，高度5厘米左右，移栽结束后，自然形成一个高度15～20厘米的垄面。

3. 地膜覆盖，膜侧沟栽

甘肃省渭源县、临洮县高寒阴湿区等栽培区域采用本技术。一般用幅宽40厘米左右黑、白色农用地膜，按照垄面宽30厘米起半圆形垄面，垄沟30～35厘米。移栽时，在垄沟内、地膜外侧种植，种植两行，株距20～27厘米。此外，种苗移栽时，为防抽薹保全苗，干旱区域，按株距10厘米单苗移栽，边覆土边压紧，覆土至半穴时，将种苗轻轻向上提2～3厘米，使根系舒展，然后盖土至满穴，覆盖细土没过种苗头部2厘米左右即可。

（七）田间管理

1. 除草

5月上旬出齐苗后开始中耕除草，以后每月除一次，杂草多的地块，生长期内除草4次以上。

2. 拔除抽薹株

7月上中旬，结合第二次、第三次中耕除草，拔除或剪除抽薹株。

3. 追肥

结合中耕除草，对基肥施用不足的地块进行追肥，一般在根增大前每亩用磷酸二氢钾0.5千克或含腐植酸的叶面肥50毫升兑水30千克叶面喷施，或者结合灌根防病，将肥料溶解在药液内，用追肥枪在根际追肥。

（八）病虫害防治

当归病虫害主要为当归麻口病、根腐病、水烂病、褐斑病和蛴螬、金针虫、地老虎等地下害虫。

1. 农业防治

采用“以防为主，防治结合”的农业综合防治措施。

2. 化学防治

经试验，采用生物农药进行土壤处理的同时，采用以下方法可有效防治当归麻口病、根腐病、褐斑病和地下害虫。

（1）浸苗预防　种苗栽种前2小时每20千克种苗用琥胶肥酸铜悬乳剂25毫升、阿泰灵可湿性粉剂15克、芸苔素10克、噁霉灵乳油15毫升、噻虫嗪乳剂50毫升兑水10千克配成的药液浸蘸种苗15～20分钟，捞出晾干水分后即可移植田间。

（2）水烂病　发病初期每亩用辛菌胺100毫升、氨基酸水溶肥100克、噁霉灵20毫升、0.1%三十烷醇30毫升兑水30千克配成药液叶面喷雾。发现病株要带出田间深埋或焚烧、病田用波尔多液浇灌，也可用草木灰消毒。

（3）根腐病　发现病株要立即拔除，带出田间深埋或焚烧。并用波尔多液浇灌病田，也可用草木灰消毒。

（4）褐斑病　6～8月，高温多雨时发病。一般亩用苯醚甲环唑8克、25%吡唑嘧菌酯30毫升兑水30千克配成药液进行叶喷雾防治。

（5）白粉病　发病初期，一般用粉锈宁20～30克兑水30千克，进行叶面喷雾防治。

（6）小地老虎　以幼虫危害为主，昼伏夜出，咬断根茎，造成缺苗。在进行土壤处理的基础上，用40%辛硫磷乳油、80%敌敌畏乳油中的一种或两种农药制成1000～1500倍液，喷施在幼苗上或幼苗根际处，对多种地老虎都有很好的防治效果。并在田间安装杀虫灯诱杀成虫。（图10）

（7）金针虫　幼虫咬食根部，使幼苗和植株黄萎死亡，造成缺苗、断垄。用500克废弃当归种子或者麦麸用杀虫剂（40%辛硫磷乳油或者80%敌敌畏乳油）150毫升拌种，以油菜饼作饵料制成毒饵，于傍晚在害虫活动区诱杀。（图11）

图10　地老虎（郭增祥 摄）

图11　金针虫（郭增祥 摄）

（8）蛴螬　又名“白地蚕”，是金龟子的幼虫，成虫交尾前昼伏夜出，交尾后白天取食，夜间飞翔。成虫趋光性强，雄强于雌，有假死习性。幼虫肥大，幼虫期历经4年，第一年食量大，咬食根系，钻蛀茎基，是危害最严重的时期。在土壤处理的基础上，一般利用成虫的趋光性，在田间适宜的地方设置紫光灯进行诱杀。

六、采收加工

（一）采收

1. 适宜采收期

当归在10月下旬霜降后至11月上旬均可采收。

2. 采收方法

在霜降后，割去当归地上茎叶，除去地膜后采挖，当归挖出后，抖去泥土，放置田间晾晒。

当归在田间晾晒2～3小时后，用木条在当归头部轻轻敲打数次，抖去泥土，粗略理顺根条，5～10株一堆，就地晾晒，拣出腐烂植株。

3. 运输堆码

将当归装于背篓或者编织袋中运回晾晒、熏制等加工条件符合要求的加工户家中或者合作社仓库。按照高度1～1.5米，宽度0.5～1米堆码，使其自然失水，一般头朝外，尾朝内，注意堆码仓库要通风、干燥、避雨、防止鼠害。

（二）产地初加工

当归堆码10天左右后，待天晴时，在院内篷布上摊开晾晒，使根条失水后，再次用木条敲打，抖净泥土，理顺根条，剔除发病霉烂的当归。将当归按大小分级，边晾晒，边捋顺根条，晾晒半个月左右，堆码药材，放置在通风、干燥的库房内自然晾干。

七、药典标准

（一）性状

本品略呈圆柱形，下部有支根3～5条或更多，长15～25厘米。表面浅棕色至棕褐色，具纵皱纹和横长皮孔样突起。根头（归头）直径1.5～4厘米，具环纹，上端圆钝，或具数个明显突出的根茎痕，有紫色或黄绿色的茎和叶鞘的残基；主根（归身）表面凹凸不平；支根（归尾）直径0.3～1厘米，上粗下细，多扭曲，有少数须根痕。质柔软，断面黄白色或淡黄棕色，皮部厚，有裂隙和多数棕色点状分泌腔，木部色较淡，形成层环黄棕色。有浓郁的香气，味甘、辛、微苦。（图12）

柴性大、干枯无油或断面呈绿褐色者不可供药用。

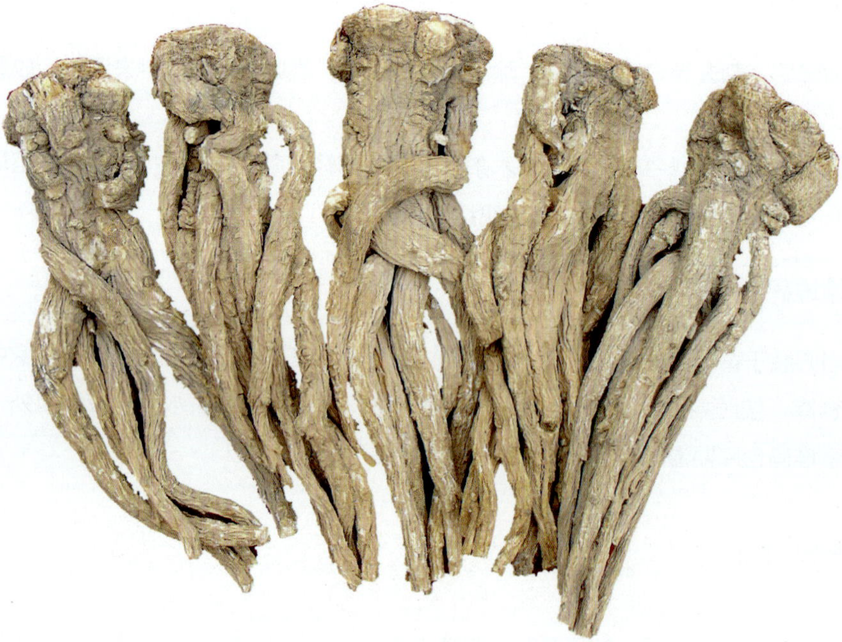

图12　当归药材（郭增祥 摄）

（二）鉴别

1. 横切面

木栓层为数列细胞。栓内层窄，有少数油室。韧皮部宽广，多裂隙，油室和油管类圆形，直径25～160微米，外侧较大，向内渐小，周围分泌细胞6～9个。形成层成环。木质部射线宽3～5列细胞；导管单个散在或2～3个相聚，呈放射状排列；薄壁细胞含淀粉粒。

2. 粉末特征

粉末淡黄棕色。韧皮薄壁细胞纺锤形，壁略厚，表面有极细微的斜向交错纹理，有时可见菲薄的横隔。梯纹导管和网纹导管多见，直径约80微米。有时可见油室碎片。

（三）检查

1. 水分

不得过15.0%。

2. 总灰分

不得过7.0%。

3. 酸不溶性成分

不得过2.0%。

4. 重金属及有害元素

照铅、镉、砷、汞、铜测定法测定，铅不得过5毫克/千克，镉不得过1毫克/千克，砷不得过2毫克/千克，汞不得过0.2毫克/千克，铜不得过20毫克/千克。

（四）浸出物

用醇溶性浸出物测定法项下的热浸法测定，用70%乙醇作溶剂，不得少于45.0%。

八、开发利用

以当归为主要原料的中成药剂型包括颗粒剂、胶囊剂、合剂（口服液）、丸剂（滴丸剂）、膏剂、片剂、注射剂、糖浆剂等。以当归为主要原料的保健品包括胶囊剂、片剂、酒剂等。以当归为主要原料的化妆品包括香水、护发精、护肤霜等。

九、药材规格等级

1. 全当归

共同特点：上部主根圆柱形，或具数个明显突出的根茎痕，下部有多条支根，根梢直径0.3～1厘米。表面棕黄色或黄褐色，具纵皱纹，皮孔样突起，不明显或无；质地柔韧，断面黄白色或淡黄色，木部色较淡，具油性，皮部有多数棕色点状分泌腔，形成层环黄棕色。有浓郁的香气，味甘、辛、微苦。

一等：每千克支数≤15，单支重≥60克；根头上端圆钝或有明显突出的根茎痕。

二等：每千克支数15～40，单支重25～60克；根头上端圆钝或有明显突出的根茎痕。

三等：每千克支数40～70，单支重15～25克；根头上端圆钝或有明显突出的根茎痕。

四等：每千克支数70～110，单支重10～15克；根头上端圆钝或有明显突出的根茎痕。

五等：每千克支数>110，单支重<10克；根茎痕有或无；主根或有部分腿渣，但主根数量占30%以上，腿渣占70%以下。

统货：每千克支数10～120，单支重5～70克；根头上端圆钝或有明显突出的根茎痕。

2. 当归头

共同特点：纯主根，长圆形或拳状。表面棕黄色或黄褐色，或撞去粗皮，微露白色至全白色。皮孔样突起，不明显或无；根头上端圆钝或有明显突出的根茎痕；质地稍硬，断面黄白色或淡黄色，木部色较淡，具油性，皮部有多数棕色点状分泌腔，形成层环黄棕色。有浓郁的香气，味甘、辛、微苦。

一等：每千克支数≤20，单支重≥50克。

二等：每千克支数20～40，单支重25～50克。

三等：每千克支数40～80，单支重15～25克。

四等：每千克支数>80，单支重<15克。

统货：每千克支数10～90，单支重10～60克。

3. 箱归

一等：52～56支，无泛油、霉变、虫蛀现象。

二等：60～64支，无泛油、霉变、虫蛀现象。

三等：（小面归）80支以内，去净毛须、尾须，归腿不限，长度不限，水分18%～20%，无泛油、霉变、虫蛀现象。

四等：（拔毛归）90～100支，去尾须，归腿不限，长度不限，水分18%～20%，无泛油、霉变、虫蛀现象。

十、仓储运输

（一）仓储

药材仓储要求符合NY/T 1056—2006《绿色食品 贮藏运输准则》的规定。仓库应具有防虫、防鼠功能；要保持库房中阴凉、干燥、通风、避光，注意检查，防止虫蛀、霉变；不应与有毒、有害、有异味、易污染物品同库存放；库房宽度一般15米左右，高度一般5米左右，墙壁厚度不少于35厘米，保湿库房中墙壁厚度应为50厘米，或者加入保湿板。垛与垛间距不小于100厘米，货垛与墙的距离不小于10厘米，库房内主通道宽度不小于200厘米；库房内水暖散热器、供暖管道与储存药品的距离不小于30厘米；照明灯具垂直下方不准堆放药品，其垂直下方与货垛水平间距不小于50厘米。

（二）运输

运输车辆及工具应具有良好的通风性，以保持干燥，达到卫生合格；温度在16～20℃，湿度不高于30%，具备防晒、防雨、防潮、防火等设备，符合装卸要求；运输过程中忌雨淋，装卸应轻拿轻放，应不与其他有毒、有害、易串味物质混装，防止有毒有害物质污染。

十一、药用食用价值

（一）当归常用方

1. 当归片、当归丸（浓缩丸）、当归流浸膏及水煎剂

口服：片剂，每次3～4片，每日3次；浓缩丸，每次10～20丸，每日2次；流浸膏，每次3～5毫升，每日3次；水煎剂（当归15克），分3次服。选其一应用即可。用于血虚兼有瘀滞的月经不调、痛经、经闭。

2. 四物汤

当归10克，熟地12克，白芍10克，川芎6克，加水煎煮取汁，分3次服。用于妇女血虚而有瘀滞，症见月经不调，脐腹疼痛或产后恶露不尽（成药有四物合剂，每次10～15毫升，每日3次）。

3. 参归炖鸡

党参30克（或人参15克），当归15克，净母鸡1只（最好选用乌鸡），切块，加水和生姜，加食盐适量，炖至鸡烂熟，分3～4次食用。用于身体虚弱，气血不足，疲倦乏力，头晕眼花或贫血。

4. 当归生姜羊肉汤

当归15克，生姜30克，羊肉500克，加水煮汤，再以食盐、葱花调味，分2～3次食用。用于虚寒腹痛、产后血虚腹痛及体质虚弱，阳气不足，畏寒肢冷。

5. 当归补血汤

黄芪30克，当归6克，加水煎煮取汁，分3次服。用于气虚弱者，症见疲倦乏力，气短懒言，头晕眼花，舌淡苔白，脉虚细；或见阳浮外越，发热面赤，烦渴欲饮，脉洪大而虚（成药有当归补血丸，每次9克，每日2次；当归补血口服液，每次10毫升，每日2次）。

（二）当归的对症应用

1. 当归主要以辅料形式添加到粥、汤中。

2. 当归一般生用，若加强活血则酒炒用。通常补血宜用当归身，破血宜用当归尾，止血宜用当归炭，补血活血用全归。

3. 心肝血虚见面色萎黄、唇爪无华、头晕目眩、心悸肢麻者，当归可与熟地、白芍、川芎配伍，则补血之力更强。

4. 月经不调属肝郁气滞，经来先后无定期者，当归可与柴胡、白芍、白术等同用。

5. 年老体弱、产后以及久病血虚肠燥便秘者，当归可与火麻仁、枳壳、生地等配伍。

6. 血虚肠燥便秘，常与肉苁蓉、火麻仁等润肠药配伍。

7. 瘀血阻滞病症，如跌打损伤，瘀肿病痛；风寒湿痹，肢体麻木疼痛；肩周炎；血栓闭塞性脉管炎。常与川芎、赤芍等活血药配伍。

8. 血虚或血瘀所致月经不调、闭经、痛经，常与熟地黄、川芎、丹参等补血活血药配伍。

9. 痈疽疮疡者气血不足，脓成不溃或溃后不易愈合，常与黄芪配伍以扶正气。

10. 血虚证或贫血，症见眩晕、疲倦乏力、面色萎黄、舌质淡、脉细等，以及血虚腹痛、头痛，常与熟地黄、白芍或羊肉、黄芪等补血益气之物配伍。

此外，当归还可用于心律失常、缺血性中风等，其用量因用法而定。但是，脾湿中满、脘腹胀闷、大便稀薄或腹泻者慎服；里热出血者忌服。

（三）当归饮品

1. 当归枸杞酒

处方：当归90克，鸡血藤90克，枸杞子90克，熟地70克，川芎45克，白酒1000毫升。

制法：上药洗净，切碎，共入纱布袋中，缝好，置入白酒中，密封月余，过滤去渣备用。以枸杞、当归为主要原料，佐以其他中药材，采用浸泡工艺生产保健酒。利用正交实验设计，研究不同酒精度、温度和浸提时间对多酚物质浸出量的影响，进而筛选最佳保健酒生产工艺。所研制的产品风味独特，口感醇厚，营养丰富。最佳工艺条件为：45%乙醇（*V*/*V*），温度30℃，浸提时间25天。

功效：滋阴养血，调补肝肾。

主治：老年人阴血不足，肝肾两虚，肢体麻木，腰腿酸软，步履困难，视物昏花，记忆力减退。

用法：每日2次，每次10～30毫升，早晚饮用。

方中当归、枸杞子、熟地，滋阴补血，调补肝肾；鸡血藤，川芎，补血、活血，通达经络；加白术健脾助运，以防滋阴之品腻膈。总观全方虽集补肝益肾，养血滋阴之品为一炉，然补而不滞。颇适合老年人阴血不足，记忆力减退，皮肤干燥，毛发脆折，指甲乏华，头晕，视物昏花，肌肉内细胞水分减少，细胞间液增加，肌肉失去弹性，功能减退，肌肉、骨骼、韧带出现萎缩，并渐见僵硬，或骨质疏松、容易骨折等患者服用。

2. 当归咖啡饮料

当归咖啡饮料，由咖啡溶液、当归汤剂、植脂末、糖等配制而成。

重量配比：咖啡溶液30%～90%，当归汤剂7%～60%，植脂末0.5%～4%，糖2%～12%。

配制：首先将咖啡配制成浓度为15%～80%的咖啡溶液，将当归制成当归汤剂，然后按照当归咖啡饮料的重量比配制即可。

功效：提神、补血、预防劳损。

3. 当归酒

全当归30克，米酒500毫升。当归饮片洗净，放入细口瓶内，加入米酒，密封瓶口。每日振摇1次，7天后即成。每次30毫升，每日2次，饮服。

功效：补血活血，通络止痛。用于血虚夹瘀所致的手臂久痛、酸胀麻木、活动不利、痛经等。

（四）当归化妆品

1. 当归香水

首先粉碎天然植物浸泡物，所述的天然植物浸泡物包括当归、天麻、干姜、桂皮、麝香、樟脑、沉香、薄荷、松香和素凝香，采用高温高压方法灭菌，顺序置于蒸馏水和乙醇中浸泡，将固态物分离，可以保护环境，达到皮肤保健和防病效果，可以达到提神醒脑、解毒散瘀、扶正固本、清新空气的功效，制成品中不含固态物和微生物，性能稳定，有益人体健康。

2. 当归护发精

取当归、茶籽、女贞子，洗净、干燥，在制作过程中，浸泡、煎熬3～4小时，过滤后浓缩成液体。采用活血补血、补肝肾、祛风湿、润肺、散瘀等作用和几种中草药精制而成。能防止脱发，白发、头屑、头痒。还能柔顺亮丽头发，促进头发的生长发育和保护大脑。

3. 当归美容膏

中草药中常见的当归、甘草、芦荟为原料，从中提取出有效成分作为美白护肤添加剂，研制成水包油型的膏霜类高级化妆品。

4. 当归油护理霜

当归油的提取是以乙醇水溶液为溶剂，先浸渍当归粉，再回流，蒸馏后得当归油，经红外光谱法鉴定，含有藁本内酯这一主要有效成分。所得当归油作为手足愈裂霜的天然添加剂，研制水包油型的高级手足愈裂霜。每200克手足愈裂霜中乳化剂1802的质量为3.0克，当归油的质量为1.5克时，研制的手足愈裂霜对防治手足皲裂有特别好的疗效。

5. 当归除皱面膜

将白芷、茯苓、当归、白及、杏仁和紫河车等量磨粉，全部混合在一起，加适量水调成糊状，再加一点蜂蜜混合均匀制成。洗净脸后将面膜涂在脸上，敷20分钟即可洗去。若为油性肌肤，可用水代替蜂蜜，避免脸看起来油腻。

6. 当归润肤面膜

当归9克，白芷9克，甘草3克，研为细粉，鸡蛋打入碗中，去除蛋白留蛋黄，将研磨好的中药粉与蛋黄搅拌均匀，用蒸馏水调整其浓度，均匀涂于面部，避开发际、眉毛，敷20～30分钟后用清水洗净。

7. 当归美白面膜

当归30克，川芎30克，白芷130克，益母草30克，乌梅15克，混合打粉，装瓶，每晚1次，连用15～20天。

参考文献

[1] 赵汝能. 甘肃中草药资源志（上册）[M]. 兰州：甘肃科学技术出版社，2003，911–913.

[2] 严辉，段金廒，宋秉生. 我国当归药材生产现状与分析[J]. 中国现代中药，2009，11（4）：12-17
[3] 贾婕楠. 当归新品种系90-01选育报告[J]. 中药材，2005，28（8）：649-650
[4] 梁昌俊，郭增祥. 岷县当归种子繁育技术[J]. 农业技术与信息，2016，480（07）：96
[5] 郭增祥，王天佑，王冯爱，等. 当归熟地育苗技术[J]. 农业技术与信息，2015，462（13）：57-59.
[6] 武延安，郭增祥，曹占凤，等. 当归日光温室冬季育苗技术[J]. 中国现代中药，2014，16（5）：359-361.
[7] 杜弢，郭增祥，刘效瑞，等. 当归生产加工适宜技术[M]. 北京：中国医药科技出版社，2018，46-67.
[8] 国家药典委员会. 中华人民共和国药典[S]. 2020年版一部. 北京：中国医药科技出版社，2020，139.

（郭增祥）

hong qi
红芪

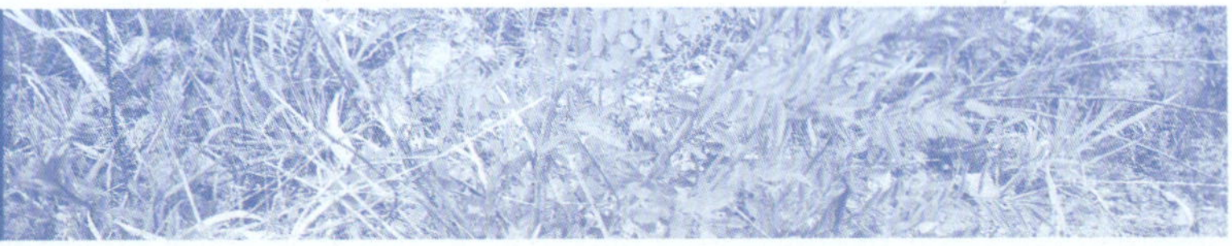

本品为豆科植物多序岩黄芪*Hedysarum polybotrys* Hand.– Mazz.的干燥根。

在药用历史上是中药材黄芪的一个品种，因根皮呈红棕色，故名红芪，别名绵芪、独根、黑芪，因根形似鞭，也称马鞭根。《中国药典》2010年版将红芪单列为一个品种，商品来源于栽培，亦有野生品，人工种植近百年。2011年武都红芪获得中华人民共和国农产品地理标志登记证书。

一、植物特征

多年生草本，高100～150厘米。茎直立，丛生，多分枝；叶互生，单数羽状复叶；小叶11～19，具长约1毫米的短柄，卵状披针形或卵状长圆形；总状花序腋生，有花20余朵，被短毛；花冠蓼斜钟状，淡黄色，长约1厘米，旗瓣长圆状倒卵形，龙骨瓣较旗瓣长；荚果3～5个荚节，节荚近圆形或宽卵形，被短柔毛，具明显网纹和狭翅。根呈圆柱形，少有分支，上端略粗，长10～50厘米，直径0.6～2厘米，外皮灰红褐色，有纵皱纹、横长皮孔样突起及少数支根痕。花期7～8月，果期8～9月。（图1，图2）

图1　野生多序岩黄芪（赵海东 摄）

图2　栽培多序岩黄芪（赵海东 摄）

二、资源分布概况

红芪分布比较集中，生长在甘肃南部、四川西部和陕西南部的山坡、灌丛、林缘等，是原产甘肃武都的道地药材，武都米仓山山系为道地产区，有“米仓红芪”之称。

三、生长习性

红芪适宜生长在海拔1200～2400米，其中1600～2200米的区域内生长的干物质含量高，品质优、药效好。适生区域年平均气温在6～8℃，年降水量430～600毫米，红芪从春季发芽到开花，全生育过程的适宜温度为15～25℃。

红芪是深根系植物，生产环境要求较严格，适宜土层深厚、肥沃、疏松、排水良好的沙质壤土；忌重茬，不宜在重盐碱地、涝洼地种植；前茬作物以禾本科作物最佳，前茬为豆类的地块不宜种植。

四、栽培技术

（一）种苗繁育技术

1. 繁殖方法

种子繁殖。（图3）

图3 红芪种子（赵海东 摄）

2. 地块选择

选择地势高、土层深厚、疏松、排水良好、坡度在25°以下的二阴地育苗。

3. 整地施肥

将土壤耙细整平，多雨易涝地应做高垄。耕翻整地时每亩施充分腐熟细碎的圈肥2000～4000千克以上，饼肥30～50千克。

4. 选种

选用无杂质、籽粒饱满、无霉变、无虫蛀和未经农药处理的当年采集的种子。

5. 种子处理

红芪种子外皮有果胶质层，种皮极硬，吸水力差，出苗率低，播种前必须对种子进行以下处理。一是沸水催芽：将种子放入沸水中急速搅拌1分钟后，立即加入冷水，将温度降至40℃，浸泡2小时，然后把水倒出，种子盖上麻袋等物焖，待种子膨胀或外皮破裂时播种；二是机械擦伤：用碾米机在大开孔的条件下快速打一遍，一般以起毛为度，或者将种子与直径为1～3毫米的粗砂按1：1的比例混匀，用碾子压至划破种皮为好。

6. 播种量

经过风选的红芪种子每亩播种4～5千克。

7. 育苗时间与播种方式

（1）育苗时间　分为春播和秋播，春播在3月下旬“春分”前后，宜早不宜迟；秋播在10月下旬“霜降”前后，宜迟不宜早。

（2）播种方式　条播，在做好的畦面上按行距10厘米开沟，沟深3～5厘米，把种子均匀撒在沟内，覆土整平，深度1～2厘米，镇压，覆盖细沙或麦草保墒。

8. 苗期管理

（1）水分管理　春播的种子在播种后20天左右出苗，秋播的种子在翌年开春土壤解冻后出土。播种后如遇干旱，可用喷雾器在苗床上喷水，大雨后要及时排水。

（2）间苗与除草　苗高6～10厘米时，结合间苗进行除草，间苗宜早不宜迟，拔除弱苗、病苗、残缺苗，留生长健壮的苗。

苗高10～15厘米时，进行第二次除草并定苗，保持田间无杂草，地表不板结。

苗高20厘米时除去覆盖的麦草。

9. 追肥

生长前期追施氮肥，8月中旬追施钾肥，促进根部生长。

10. 种苗采挖

红芪采挖时期也是移栽最佳时期，在春、秋两季进行采挖，以秋季最宜。春季采挖在“春分”前后、土壤解冻后采挖；秋季采挖在“霜降”前后、土壤封冻前采挖。采挖先从地边开始，逐渐向里挖，挖出的种苗要及时覆盖，以防失水。采挖的种苗分级扎成直径10厘米的带土小把，以方便运输和栽植。（表1，图4）

表1　红芪种苗分级标准（单位：毫米）

项目 \ 等级	一级	二级	三级
根长	＞300	250～300	＜250
中上部直径	＞5	3～5	＜3

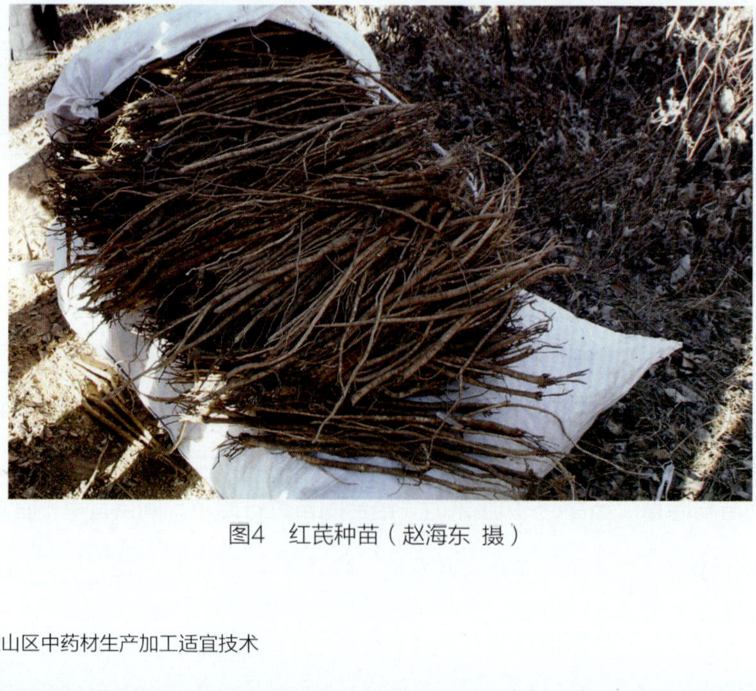

图4　红芪种苗（赵海东 摄）

（二）种子生产技术

1. 留种田的选择

选择地势平坦，光照充足，排水良好，周围环境无污染，人畜不易践踏，红芪植株生长健壮、无病虫害的田块作为留种田。

2. 留种

留种苗从移栽后生长2年以上的田块中选择。留种的田块当年返青后，田间管理与大田一样，在苗高15～20厘米时进行中耕除草，结合除草进行追肥。

3. 采收

（1）采收时间　8月下旬到9月上旬（处暑至白露），当果荚变黄色，种子呈浅褐色时采收。

（2）采收方法　一是随熟随采，分期分批从种株上将已成熟的花梗剪下；二是集中收割，采收时观察种子即将完全成熟时收割。

（3）干燥　种子采收后，放置在阴凉通风处，使种子后熟并阴干。

4. 包装贮藏

待种子干燥后，用纸制品、麻织品、纤维制品进行包装，贮藏在干燥、通风、避光处，严禁用塑料制品包装。贮藏期间注意防虫防潮，严禁强光照射。

（三）选地施肥

1. 选地

红芪是深根系植物，选择土层深厚、地势较为平坦、土质疏松、透水、透气性良好的坡地、缓坡地种植。阳坡种植比阴坡好。

2. 施肥

前茬作物收获后进行整地，深耕2次，耕深30～40厘米，结合翻地施农家肥2500～3000千克、磷酸氢二铵20千克、硫酸钾5千克作基肥，然后耙细整平。

（四）移栽

1. 移栽时间

春季移栽为3月下旬至4月上旬；秋季移栽为10月下旬至11月上旬。在适宜栽植期内适当早栽，以秋季移栽最宜。

2. 种苗挑选

选择一年生生长健壮、芽孢完整、根条均匀的优质芪苗。

3. 移栽密度

红芪种植株行距20厘米×30厘米，移栽每亩70～120千克，保苗每亩8000～10 000株。

4. 移栽方法

移栽一般采用斜栽，即用锨或镢头开沟，沟深20～30厘米，然后将芪苗芽端（芪头）朝上按株距斜摆在沟壁，栽满一行再开第二行沟，并用后排开沟的土掩盖前排芪苗，苗头覆土厚2～3厘米。栽培时开沟、摆苗、覆土、耙耱要同步进行，以求保墒。土壤墒情好或阴雨天（不影响耕作）进行移栽更利于成活。（图5）

（五）田间管理

1. 中耕除草

栽植后20天左右苗子出齐，进行除草，早除草省时省工，开花结果前结合施肥除草防止草争肥。生长季节至少除草2次。

2. 追肥

生长前期以氮肥为主，后期增施钾肥。5月上旬每亩追施尿素10千克，7月上旬每亩追施钾肥15千克。

3. 排灌水

红芪生长“耐干旱忌水涝”，红芪移栽后大田生产主要靠天然降水，如无大旱天气无

图5　大田栽培红芪（赵海东 摄）

需灌水。6～9月大雨后应及时开沟排水，避免积水诱发根腐病。

4. 打顶摘蕾

打顶是指将红芪生长旺盛枝条的顶端部分剪掉，抑制地上部分徒长。方法是：去掉植株顶端嫩梢部1～2厘米，忌打顶过长露出茎秆空心。4～6月打顶：第一次打顶在苗高10～15厘米时、第二次在苗高30～40厘米时打顶，生长中植株高度控制在40～50厘米。（图6）

摘蕾是摘掉花蕾，减少植株开花结果，即在红芪现蕾初期将花蕾人工剪除。打顶摘蕾的目的是控制植株地上部分生长，促进地下部分生长。

（六）病虫害防治

红芪常见病害为根腐病、白粉病和锈病；常见虫害为豆荚螟、地老虎、蚜虫、蛴螬等。

图6　红芪打顶（刘培元 摄）

1. 综合防治

翻耕整地、清洁地块、轮作倒茬、施用腐熟的厩肥、及时清除杂草及病残株等。

2. 药剂防治

根腐病：受害植株发病初期植株顶端萎蔫，主根部分腐烂。防治方法：定植前用50%辛硫磷1000倍液浸苗，并可用75%百菌清可湿性粉剂600倍液喷根茎部。

白粉病：受害植株叶片和荚果表面有白色粉状斑，造成早起落叶或整株枯萎。防治方法：发病初期喷0.2%～0.4%波美度石硫合剂，也可喷15%粉锈宁可湿性粉剂1000倍液。

锈病：受害植株叶、茎、杆有黄色斑点，严重时整株植物发黄，至枯竭植株死亡。防治办法: 45%百菌清800倍液，雾喷，7～10天防治1次；85%粉锈宁1000倍液，雾喷，7～10天防治1次。

豆荚螟：成虫盛发期于傍晚喷洒90%晶体敌百虫1000倍液。

地老虎：在地老虎1～3龄幼虫期，采用10%灭百可乳油2000倍液喷地表，或者用50%辛硫磷制成5%毒土或颗粒剂，顺垄底撒施在红芪根附近诱杀。

蚜虫：用50%的抗蚜威可湿性粉剂10～20克兑水30～50千克喷雾防治。

蛴螬：在播种或移栽前每亩用50%辛硫磷乳油600毫升拌100千克细沙土撒施后翻地。危害前期用40%辛硫磷乳油配成1000倍液灌根。

五、采收加工

（一）采收时间

宜在10月下旬地上部分枯萎后开始采挖。采收过早红芪根部正在生长，降低产品质量；过晚土壤冻结，采挖难度大，采挖的红芪不完整，降低产品等级。

（二）采收方法

采挖前先清除地上部枯茎，再用铁叉或镢头从地边开始向里深挖，以防弄断芪根或损伤外皮，降低产品质量。

（三）产地初加工技术

1. 田间整理

红芪采收后要先去净泥土，剔除破损、虫害、腐烂变质的部分，运回加工场地。

2. 晾晒搓条发汗

（1）晾晒　趁鲜切去芪条残茎、粗选分级，然后整齐摊放在太阳下晾晒7～10天（根据天气状况），每天翻动2～3次，及时去除霉烂变质红芪。

（2）第一次搓条　晒到含水七成，芪条萎蔫柔软时开始第一次搓条，用无毒宽条带捆成小把，约1.5～2千克，放在平整的木板上，两手拉紧宽条带，脚踩在芪捆上来回揉搓，搓到条直、皮紧实为止。然后将搓好的红芪在洁净的场院内摊平，继续晾晒。

（3）第二次搓条　第一次搓完晒3～5天进行第二次搓条，方法同第一次。

（4）堆积发汗　第二次搓条后，将红芪头朝外、尾朝内堆积成圆形芪堆，用无毒塑料布盖住包严，不能透风走气，使芪堆在密闭条件下自然发汗，促进后熟，加快红芪多糖的转化。堆子大，堆放时间短；反之，堆放时间长。发汗3天左右。

（5）第三次搓条　当红芪含水量在两三成时进行第三次搓条，方法同第一次，搓好的红芪扎成捆待下一步深加工或贮藏。

搓条发汗目的：一是破坏红芪组织，制止生长；二是加快糖分转化。（图7，图8）

图7　红芪去茎粗选（赵海东 摄）

图8　红芪搓条发汗（赵海东 摄）

（四）整理分级码堆

揉搓好的芪条切去芪头、毛须和尾子，进行分级挑选，按等级标准分别码堆。方法：在干燥整洁的室内平放一块木板，木板底部垫起离地面不少于10厘米，将分级挑选好的芪条整齐的码堆在木板上，高1.2米，宽0.6米，芪头朝外。（图9）

图9　红芪码堆（赵海东 摄）

六、药典标准

（一）性状

本品呈圆柱形，少有分枝，上端略粗，长10～50厘米，直径0.6～2厘米。表面灰红棕色，有纵皱纹、横长皮孔样突起及少数支根痕，外皮易脱落，剥落处淡黄色。质硬而韧，不易折断，断面纤维性，并显粉性，皮部黄白色，木部淡黄棕色，射线放射状，形成层环浅棕色。气微，味微甜，嚼之有豆腥味。（图10）

图10　红芪药材

（二）鉴别

1. 横切面

木栓层为6～8列细胞。栓内层狭窄，外侧有2～4列厚角细胞。韧皮部较宽，外侧有裂隙，纤维成束散在，纤维壁厚，微木化；韧皮射线外侧常弯曲。形成层成环。木质部导管单个散在或2～3个相聚，其周围有木纤维。纤维束周围的薄壁细胞含草酸钙方晶。

2. 粉末特征

粉末黄棕色。纤维成束，直径5～22微米，壁厚，微木化，周围细胞含草酸钙方晶，形成晶纤维，含晶细胞壁不均匀增厚。草酸钙方晶直径7～14微米，长约22微米。具缘纹孔导管直径145微米。淀粉粒单粒类圆形或卵圆形，直径2～19微米；复粒由2～8分粒组成。

（三）检查

1. 水分

不得过10.0%。

2. 总灰分

不得过6.0%。

（四）浸出物

照醇溶性浸出物测定法项下的热浸法测定，用45%乙醇作溶剂，不得少于25.0%。

七、药材规格等级

按照红芪初级产品等级标准进行分级，共分三级。（表2）

表2　红芪商品分级标准（单位：毫米）

项目＼等级	一等芪	二等芪	三等芪
长度	>330	230～330	—
中上部直径	>13	10～13	7～10

注：“—”表示长度不分

一等：圆柱形，单条，斩去疙瘩头，表面红褐色，断面外层白色。质坚，粉性足，味甜。中上部直径1.3厘米以上，长33厘米以上。无虫蛀、须根、霉变。

二等：圆柱形，单条，斩去疙瘩头，表面红褐色，断面外层白色。质坚，粉性足，味甜。中上部直径1厘米以上，长23厘米以上。无虫蛀、须根、霉变。

三等：圆柱形，单条，斩去疙瘩头，表面红褐色，断面外层白色。质坚，粉性足，味甜。中上部直径0.7厘米以上，长短不分，间有破短节子。无虫蛀、须根、霉变。

八、包装仓储运输

（一）包装

1. 包装材料

采用瓦楞纸箱作包装材料。

2. 包装规格

按照客户要求采用不同的规格包装。

3. 包装方法

按等级称重装箱，箱内全部铺防潮纸。

4. 包装记录与注意事项

包装前检查，清除异物，装箱封口，箱外相应部位盖印名称、等级、产地、规格、重量、采收时间、生产日期、含水量等。

（二）储藏

贮存包装好的红芪不能暴晒、风吹、雨淋，应在清洁、通风、干燥、避光、温度和湿度等符合贮存条件的专用库房内贮存，库房要设有通风窗，并具有防鼠、防虫、防禽畜措施，做到库内干燥，室内相对湿度应控制在70%以内，室内温度不超过25℃。在贮存前先将地面清扫干净，铺一层棚腊，以防潮，在棚腊上铺上木板，将装箱的红芪架起，按不同规格堆成长、宽、高3～4箱的正方体，码起的药堆中间留2米宽的走廊，便于通风和防止发热。制定严格的仓储养护规程和管理制度，确定专人负责，定期检查，做到勤检查、勤通风，随时注意季节和贮存时间的变化，保证先进先出、后进后出。

（三）运输

运输工具应清洁、干燥、无异味、无污染，运输中应防雨、防潮、防暴晒、防污染。

九、药用食用价值

（一）药用价值

红芪以根入药，具有补气升阳，固表止汗，利水消肿，生津养血，行滞通痹，托毒排脓，敛疮生肌的功效，用于气虚乏力、食少便溏、中气下陷、久泻脱肛、便血崩漏、气虚水肿、血虚萎黄、内热消渴等。

（二）食用价值

红芪产品主要销售至东南沿海地区，用于煲汤、泡茶、保健酒、饮料等。

近年，甘肃中医药大学通过研究、分析、化验从武都红芪中提出了毛柄花素、毛蕊异黄酮、毛蕊异黄酮苷等成分，药用价值还待进一步研究与开发利用。

参考文献

[1] 陇南市武都区中药材技术服务中心．中药材武都红芪标准化生产操作规程．AGI2011-02-00640

[2] 蔺海明，李瑜，程卫东．红芪种子吸水规律及萌发特性的研究[J]．中药材，2010，33（11）：1680-1683.

[3] 赵锐明，孙连虎，郭凤霞，等．移栽密度对红芪生长发育及药材产量和质量的影响[J]．草业学报，2014，23（03）：167-174.

[4] 国家药典委员会．中华人民共和国药典[S]．2020年版一部．中国医药科技出版社，2020：159.

[5] 马鹏里，蒲金涌，党冰．甘肃省红芪栽培区适宜气候条件评价[J]．安徽农业科学，2010，38（33）：18742，18743，18746.

[6] 杨扶德，罗文蓉，林丽，等．甘肃红芪质量标准研究[J]．中国药房，2008（18）：1391-1393.

[7] 张鹏，潘水站，张杰，等．陇南红芪无公害栽培技术[J]．甘肃农业科技，2006（05）.

[8] 潘水站，李国业．甘肃省红芪规范化栽培操作规程[J]．农业与技术，2016，36（19）：99-102+114.

[9] 王义存，乔旭，张杰，等．红芪优质丰产栽培技术[J]．林业实用技术，2012（5）：41-42.

[10] 张杰，潘水站，张鹏．红芪主要病虫害综合防治技术研究[J]．现代农业科技，2011（20）：166-167.

（赵海东）

qiang huo 羌活

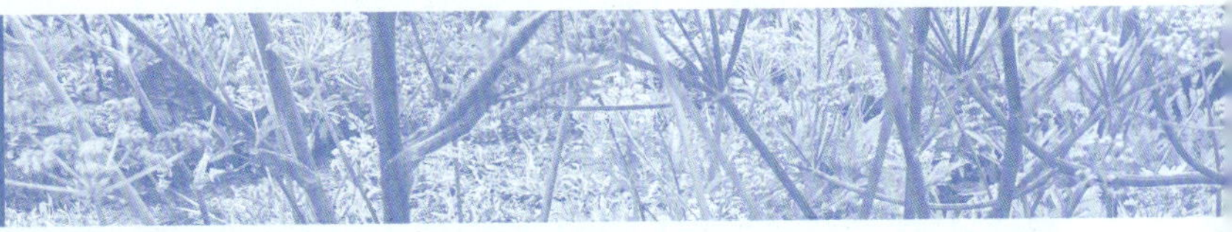

本品为伞形科植物羌活 *Notopterygium incisum* Ting ex H. T. Chang、宽叶羌活 *Notopterygium forbesii* H. de Boiss.的干燥根茎和根。

一、植物特征

1. 羌活

多年生草本植物，高60～120厘米，根茎粗壮，呈竹节状，根茎部有枯萎叶鞘。茎直立，圆柱形，中空，有纵直细条纹，带紫色。基生叶及茎下部叶有柄，柄长1～22厘米，下部有长2～7厘米的膜质叶鞘；叶为三出式三回羽状复叶，末回裂片长圆状卵形至披针形，长2～5厘米，宽0.5～2厘米，边缘缺刻状浅裂至羽状深裂；茎上部叶常简化，无柄，叶鞘膜质，长而抱茎。复伞形花序直径3～13厘米，侧生者常不育；总苞片3～6，线形，长4～7毫米，早落；伞辐7～18（39），长2～10厘米；小伞形花序直径1～2厘米；小总苞片6～10，线形，长3～5毫米；花多数，花柄长0.5～1厘米；萼齿卵状三角形，长约0.5毫米；花瓣白色，卵形至长圆状卵形，长1～2.5毫米，顶端钝，内折；雄蕊的花丝内弯，花药黄色，椭圆形，长约1毫米；花柱2，很短，花柱基平压稍隆起。分生果长圆状，长5毫米，宽3毫米，背腹稍压扁，主棱扩展成宽约1毫米的翅，但发展不均匀；油管明显，每棱槽3，合生面6；胚乳腹面内凹成沟槽。花期5～6月，果期7～8月。（图1）

图1　羌活（董生健 摄）

2. 宽叶羌活

多年生草本植物，高80～180厘米。有发达的根茎，基部多残留叶鞘。茎直立，少分枝，圆柱形，中空，有纵直细条纹，带紫色。基生叶及茎下部叶有柄，柄长1～22厘米，下部有抱茎的叶鞘；叶大，三出式2～3回羽状复叶，一回羽片2～3对，有短柄或近无柄，末回裂片无柄或有短柄，长圆状卵形至卵状披针形，长3～8厘米，宽1～3厘米，顶端钝或渐尖，基部略带楔形，边缘有粗锯齿，脉上及叶缘有微毛；茎上部叶少数，叶片简化，仅有3小叶，叶鞘发达，膜质。复伞形花序顶生和腋生，直径5～14厘米，花序梗长5～25厘米；总苞片1～3，线状披针形，长约5毫米，早落；伞辐10～17（23），长3～12厘米；小伞形花序直径1～3厘米，有多数花；小总苞片4～5，线形，长3～4毫米；花柄长0.5～1厘米；萼齿卵状三角形；花瓣淡黄色，倒卵形，长1～1.5毫米，顶端渐尖或钝，内折；雄蕊的花丝内弯，花药椭圆形，黄色，长约1毫米；花柱2，短，花柱基隆起，略呈平压状。分生果近圆形，长5毫米，宽4毫米，背腹稍压扁，背棱、中棱及侧棱均扩展成翅，但发展不均匀，翅宽约1毫米；油管明显，每棱槽3～4，合生面4；胚乳内凹。花期5～6月，果期7～8月。（图2）

图2　宽叶羌活（董生健 摄）

二、资源分布概况

我国羌活属植物的分布呈现出明显的地带性（表1），水平分布范围为北纬24°～41°，东经95°～113°。因为羌活与宽叶羌活为高寒植物，生长环境特殊，生长周期长，尤其是种子繁殖的实生苗生长周期更长，因此，羌活种群更新非常缓慢。羌活在青海、四川、甘肃等地均有零星种植，栽培技术尚不成熟，产量不够稳定，无法满足市场需求。

羌活主产于我国的青海、西藏、甘肃、云南、四川等省区，主要分布区在青海东南部以及与甘肃交界的祁连山地、青藏高原东南缘的西藏东部高原山区、西藏南部高海拔山地、四川西部高原和高山峡谷还有云南的西北高原地带，主要集中于横断山区和祁连山地。

宽叶羌活主要分布在青海、川西高原及甘肃南部等地。宽叶羌活主产于青海及甘肃，次产于四川。青海传统产区以互助、门源、大通、湟源、共和、化隆、循化、达日、甘德、久治、班玛等地为主。甘肃传统产区主要在甘南临夏、临潭、碌曲、迭部及定西南部诸县。由于资源量小、临床应用广泛、再生能力差等原因，野生资源量逐年减少，价格上涨，开展羌活种植是解决供需矛盾、保护生态环境的重要措施。

表1　全国羌活、宽叶羌活地理分布

种名	水平分布		垂直分布（米）	分布地区
	纬度（北纬°）	经度（东经°）		
宽叶羌活	24～41	95～113	2500～4840	青海、甘肃、四川、陕西、内蒙古、云南、山西、湖北
羌活	28～38	95～108	1700～5000	青海、甘肃、陕西、四川、西藏

三、生长习性

羌活属（*Notopterygium* de Boiss.）属于伞形科，是我国的特有属之一。羌活属植物主要生长在高山峡谷，这些地方的主要植被是亚高山草地、亚高山灌丛、横断山区海拔在2500米以上的次生林和灌丛，主要生长在山腰，棕色、褐色及高山草甸土上，适合具有极高腐殖质的中性或微酸性土壤。其中羌活属于高寒植物，生长环境特殊，生长周期长，年生长期短，一般5～7年生羌活才能药用。宽叶羌活，冷凉气候、较高海拔、较高湿度以及较高有机质的土壤条件为其适宜的生长环境，以高山灌丛草甸土、灰褐土、山地森林土为主且有机质含量较高的土壤适合其生长。

四、栽培技术

以下主要介绍宽叶羌活的栽培技术。

（一）种苗繁育技术

羌活种子存在形态后熟和生理后熟的特点，传统春播导致种子萌发率不高。为了提高萌发率，常用秋播繁育，其方法如下。

1. 沙藏种子处理

将当年采收的新鲜羌活种子与红沙土按质量比5：1拌匀，湿度控制在70%；选择通风良好、无阳光直射、不积水的地方堆放；在空气湿度80%以上的遮阴环境下，每隔7天翻动一次，注意沙子较为干燥时应加水，控制沙子含水量在60%～70%，至10月上旬后即可播种。

2. 整地施肥

育苗前必须细致整地深耕，7月中旬至9月初进行，随深翻每亩施入有机肥100千克或农家肥1000～1500千克、过磷酸钙50千克和尿素10千克（或磷酸氢二铵30千克、尿素10千克），深度30～35厘米，随翻、随耙，清除残枝、石块，耙平耙细。

3. 播种时间与方法

（1）播种时间　播种时间分为秋播和春播。秋播在10月上旬至10月下旬，春播在2月下旬，即耕层土壤解冻后，种子萌芽前，即可播种。

（2）播量　育苗播量为净种子每亩10～12千克。

（3）播种方法

①条播法　在精细整地的地块，用锄头开3～4厘米的浅沟，将种子均匀撒入，行距10～12厘米，覆土0.5厘米，立即覆盖麦草保墒遮阴。

②撒播法　将种子撒在整平的地表后，浅耕2～3厘米，再耙耱一遍，然后立即覆盖麦草保持地墒。

③秋季直播　仿野生栽培法，将处理的种子于10月上旬至10月下旬点播，行距30厘米，株距25厘米，每穴点种子3～5粒，深度0.3厘米；翌年4月中下旬出苗，六月进行第一次间苗，每穴保留2株，八月进行第二次间苗，每穴保留1株。连续生长3年以上，期间进行去除花薹、追肥、病虫害防治等田间管理作业，即可采挖；采用该法种植的羌活，与野生的羌活差异不大，虽然产量不高，但单价很高，值得广大药农推广。（图3）

图3　宽叶羌活种苗繁育（董生健　摄）

4. 田间管理

（1）灌溉　随时观察土壤墒情，特别干旱时需要灌水，一般育苗田不需要灌水。

（2）追肥　追肥应视种苗长势进行，一般不追肥或少追肥。追肥时可结合降雨每亩追尿素10千克。幼苗分枝期，可分2次喷施磷酸二氢钾叶面肥，喷施浓度为20～25克原药兑水15千克。

（3）中耕除草　5月中旬，苗出齐后，揭去覆草，手工除草并重新覆草。生长期内至少要锄草5次以上。

（4）揭去覆草　6月中下旬，羌活苗长至苗高8厘米左右高时，选择多云天气或者阴天揭去覆草。

5. 种苗采挖

（1）采挖时间　种苗采挖时期也就是移栽的最佳时期，分为秋季和春季采挖。秋季采挖在10月底进行，一边采挖，一边移栽；春季采挖在3月中旬至4月上旬种苗未萌芽前，土壤解冻后越早越好。（图4）

图4　宽叶羌活种苗（董生健 摄）

（2）采挖方法　采挖先从地边开始，贴苗开深沟，以确保苗体完整。对土壤干旱硬实的苗地，采挖前3～5天灌水，使土壤潮湿。挖出的种苗要及时覆盖，以防失水；提倡机械采挖。

（3）质量标准　生产试验证明，等级越高的种苗出苗率越高，生产实践中应多选用一级和二级种苗。（表2）

表2　宽叶羌活种苗质量分级表

级别	鲜重	长度
一级	≥5.00克	≥25厘米
二级	≥2.00克	≥20厘米
三级	≥1.50克	≥15厘米

（二）种子繁育技术

1. 留种田的选择

选择地势平坦、光照充足、排水良好、周围环境无污染、人畜不易践踏、羌活植株生长健壮、无病虫害的田块作为留种田，栽培密度35厘米×20厘米。

2. 留种

留种苗从移栽后生长3年以上的田块中选择。留种的田块当年返青后，田间管理与大田一样，在苗高15～20厘米时进行中耕除草，结合除草进行追肥。（图5）

图5 宽叶羌活种子繁育（董生健 摄）

3. 种子采收

（1）采收时间 7月下旬至8月上旬果实成熟即可采收。羌活种子成熟的标志是果穗由绿色变黄色下垂，种子饱满，颜色由浅黄色变为深紫色。

（2）采收方法 收种分期分批进行，要根据种子成熟度边熟边采，一般每隔3天采收一次，连续采收4～5次，切忌整株整片收割。采种一般在晴天上午露水干后采集。

（3）脱粒 种子采收后，将采收的果穗放在清洁、干燥的篷布上，用手工脱粒，保持种子完整，脱粒后剔除杂物。

（4）种子分级 宽叶羌活种子分级见表3。

表3 宽叶羌活种子分级表

级别	千粒重（克）	纯度（%）	发芽率（%）	净度（%）
一级	≥3.2	≥98	≥95	≥95
二级	≥2.6	≥97	≥90	≥90
三级	≥2.0	≥96	≥85	≥90

（5）种子贮藏与包装

①贮藏　羌活种子有后熟过程，为了保证种子完成后熟过程，种子脱粒后，立即用红沙土进行沙藏处理，种子与沙土比例为5∶1。沙藏处理的种子秋季或第二年早春应全部播种完，不宜存放。

②包装　羌活种子每袋装15千克；包装容器应保持干燥、清洁、无污染，并应符合相关标准的要求。包装外应注明产品名称、数量、产地、包装日期、生产单位、执行标准号。

（三）种苗选择

选择苗龄1年以上，种苗根鲜重2.00克以上，根茎长度大于20厘米，健壮、无病虫害的种苗。

（四）选地整地

1. 选地

羌活适宜生长的海拔高度为2000～3000米，年降水量550毫米左右。土壤酸碱度以中性或微碱性为宜，要求土壤深厚，土质疏松，透水透气性良好；忌连作。

2. 整地

前茬以豆科、禾谷类作物最佳。选土层深厚，疏松肥沃的壤土或黑垆土种植；前作收获后及时深翻土地35厘米左右，结合深翻每亩施入有机肥100千克、磷酸氢二铵50千克、尿素30千克，充分暴晒，杀死土壤中病虫；结合深翻每亩用500毫升辛硫磷乳油兑10千克油渣制成毒饵施入土内，杀灭地下害虫，减轻来年虫源。

（五）定植

1. 定植时间

大田定植分为秋季移栽和春季移栽；秋季在10月中旬至10月下旬进行，春季移栽在3月下旬至4月上旬进行。

2. 定植方法

（1）常规定植　按行距35厘米开沟，按株距18～20厘米栽苗，覆土压实。栽植量需二级以上种苗每亩30～40千克，密度1.2万株左右；该方法适宜于年降雨量550毫米以上地区。具体方法是：先开沟，沟深35厘米左右，然后将苗按株距摆在沟壁上，根头同方向摆放，倾斜度为45°，接着按行距重复开沟摆苗，并用后排开沟土壤覆盖前排种苗，苗头覆土厚度3～5厘米，根尾部顺沟平放，为了保墒，要求边开沟，边摆苗、边覆土、边压平。

（2）黑地膜膜间定植　定植前选35厘米宽黑膜，将地起微垅，宽20厘米，覆膜，两边压土7厘米左右，膜间距8～10毫米，后继续覆膜。膜覆完后，进行移栽，将苗移栽于膜间，深35厘米，株距20厘米，密度约为每亩1.2万株，该方法适宜于年降雨量500毫米左右地区。（图6，图7）

图6　羌活黑地膜膜间栽培（董生健　摄）

图7　宽叶羌活栽培示范基地（董生健 摄）

（六）田间管理

1. 去除花薹

羌活移栽后，第一年就有部分抽薹，应在孕蕾期人工摘除；第二年大部分抽薹，在孕蕾期人工摘除2～3次。

2. 中耕除草

5月中旬，进行第一次中耕除草，苗高10厘米时进行第二次中耕。以后每月1次，直至封垄。田间杂草防治应做到早除、勤除。

3. 追肥

第一次在定苗后进行，每亩施氮肥10千克，第二次在苗高20厘米时进行，每亩施普通过磷酸钙30千克，收获前30天内不得追施无机肥。水地随灌水施入，旱地可结合中耕除草或雨后进行追施。具体方法为：将肥料均匀撒入地表，结合中耕锄草，使肥土混合。

（七）套种技术

羌活是多年生中药材，采用套种的方法，可以提高土地的利用率。

1. 移栽田套种蚕豆

应在9月下旬将处理羌活的种子按行距30厘米，深1～2厘米带沙均匀条播入沟内，并覆盖一层细土，播种量每亩10千克，播种后应注意用麦草覆盖，提高种子萌发率。来年春季在垄面套种蚕豆，精量点播，株距40厘米。这种套种方式，除秋季收获蚕豆外，固氮植物既可增加土壤肥力又能为宽叶羌活遮阴。（图8）

图8　宽叶羌活套种蚕豆（董生健 摄）

2. 采种田套种蚕豆

对于移栽二年以上的采种田，适当套种一些蚕豆，可防止羌活花茎倒伏；且蚕豆茬口促进羌活根、叶片、茎的生长及生物量的增加。

3. 套种小麦

（1）套种春小麦　春季3月上旬播种春小麦期间，将沙藏法处理的羌活种子连同细沙一起撒播于小麦田内，羌活种子宜浅播，然后将地面磨平。一般播种量为每亩10千克左右。小麦出苗后长至拔节期，这时羌活也开始出苗，出苗以后可借助于小麦遮阴。小麦成熟收割以后，要及时进行锄草、松土、中耕、叶面喷药等作业。10月下旬挖出羌活苗，以备移栽。

（2）套种冬小麦　在秋季10月上旬常规整地后，进行条播或机播，行距20厘米，深4～5厘米。应采用药剂拌种防治地下害虫和锈病，可用50%辛硫磷乳剂，每100千克种子用药0.2千克，15%的粉锈宁0.2千克加水1千克拌麦种子100千克。有些地区散放牲畜啃食麦苗，冬小麦越冬死亡率高，需要加大播种量。一般地块播种量在每亩20千克左右。结合冬小麦播种，将沙藏法处理的羌活种子连同细沙一起撒播于小麦田内，羌活种子宜浅播，然后将地面磨平，播种量每亩10千克左右，出苗后可借助小麦遮阴。七月上旬冬小麦即可收获，不进行犁地，随降水或灌溉施尿素每亩10千克。并进行除草、病虫害防治等作业。

（八）病虫害防治

由于农户长期粗放管理以及与薯类、豆类、蔬菜、粮食等多种作物间作，导致病虫害滋生蔓延，给病虫害防治工作带来了困难。目前对羌活造成危害的主要病虫害有10多种。

1. 白粉病

白粉病初期在叶片上呈现浅黄色小斑点，以叶正面居多，后逐渐扩大，病叶上布满白色粉霉状物，在温湿度适宜时病斑可迅速扩大，并连接成大面积的白色粉状斑。

田间栽植不要过密，选择南北行种植。科学肥水管理，避免过多施用氮肥，增施磷钾肥，提高植株抗病力。可用代森锰锌喷雾，发病初期可用多硫悬浮剂或醚菌酯叶面喷施，7～10天喷雾1次。注意必须交替使用，不能连续使用同一种药物。

2. 红蜘蛛

红蜘蛛常群集于植物叶背面。个体很小，不易被发现，一旦发现，往往已受害较重。初期叶片失绿，被害处呈黄色小斑点，后逐渐扩展到全叶，叶缘卷曲，以致焦枯、脱落，严重时植株死亡。

当五六月出现严重干旱，最高温度连续在25℃以上7～8天时，会大面积暴发。用丁氟螨酯悬浮剂或联苯肼酯悬浮剂叶面喷施，喷时注意喷头紧贴地面向上，喷在叶背，7天喷雾1次，交替用药。

3. 蚜虫

在5～9月间发生较为严重，成、若虫均聚集在新芽、未展开叶片或者花上，吸取植物汁液。使心叶皱缩不能展开，危害花正常授粉，并导致叶片留下点斑痕，严重影响植株生长。药剂防治选用吡虫啉、阿维菌素、啶虫脒等高效低毒低残留农药。

4. 地下害虫

地下害虫主要包括蛴螬、蝼蛄、金针虫、地老虎等。危害严重的地块，在播种时，每亩可用500毫升辛硫磷乳油加10千克油渣拌成毒饵，移栽时撒入沟内。

五、采收加工

（一）采收

羌活种植3年后即可收获，一般在霜降后至土壤封冻前采收。采挖分为人工采挖和机械采挖，大力提倡机械采挖。起挖时割去地上茎秆，挖取根部，注意不要碰伤药体，避免挖伤挖断，保持药材完整。拣收时尽量现场分级，若现场不便分级，则应当在采收后立即除去泥土并分级，分摊于专用场地晾晒。

（二）加工

清除羌活泥土，用刀切去羌活茎叶，切去芦头、去除病残根，芦头应留1厘米，用手剥去残存叶柄。按照根头直径2.0厘米以上、1.5～2.0厘米、1.0～1.5厘米、1.0厘米以下四个等级分级。按照不同等级在半遮光场地上平铺晾晒，晾晒至半干，扎把，再晾晒至完全干燥。经过水分检测合格，收集到麻袋、网袋、透气编织袋或纸箱包装，放置在环境清洁、通风干燥的库房内，严禁雨淋暴晒，防止霉变、虫蛀、鼠害及其他污染。按加工批次加挂标签，其标签应注明品种、等级、数量、采挖地点、采挖时间、加工单位、加工地点及负责人。（图9）

图9　宽叶羌活初加工（董生健 摄）

六、药典标准

（一）性状

宽叶羌活　为根茎和根。根茎类圆柱形，顶端具茎和叶鞘残基，根类圆锥形，有纵皱纹和皮孔；表面棕褐色，近根茎处有较密的环纹，长 8～15cm，直径1～3cm，习称“条羌”。有的根茎粗大，不规则结节状，顶部具数个茎基，根较细，习称“大头羌”。质松脆，易折断，断面略平坦，皮部浅棕色，木部黄白色。气味较淡。

（二）检查

1. 总灰分

不得过8.0%。

2. 酸不溶性灰分

不得过3.0%。

（三）浸出物

照醇溶性浸出物测定法项下的热浸法测定，用乙醇作溶剂，不得少于15.0%。

七、药材规格等级

根据《中药材商品规格等级 羌活》（T/CACM 1021.23—2018），栽培羌活药材不划分等级。

统货 根及根茎呈不规则结节状，主根较明显，类圆锥状，其周围着生少数或多数圆柱状不定根，主根中下部具多数细圆柱状侧根，有稀疏的皮孔和纵皱纹。3年生以上，不分大小。表面呈棕色或浅褐色，表皮脱落处呈灰白色灰黄色相间，皮部呈灰白色偶有褐色，木部呈灰黄色。体轻质脆，易折断，不平整，皮部有多数裂隙，木部射线明显。油点呈黄棕色或浅棕色。香气较淡，微苦而辛。

八、包装仓储运输

（一）产品包装

1. 包装车间消毒和灭菌

包装车间应进行封闭和灭菌消毒，实行人流、物流分开，包装操作工人应经过更衣、清洁等工序后进入包装车间。

2. 含水率

样品含水率为12%以内。

3. 产品包装规格

按照不同分级，分拣杂质，去除残破根系，进入紫外线灭菌室，灭菌后直接装袋并封口。

4. 标签与说明

羌活药材要严格按照国家相关要求，编制产品产地、引种来源、种植基地、种植人员、管理技术方案、药材活性成分、药材保质期等内容。

（二）储藏

干制后的羌活用麻袋、透气编织袋或纸箱包装后存放在干净、阴凉、通风良好、无污染的仓库中，适宜温度20℃以下，相对湿度65%～75%。商品安全水分9%～12%。

（三）运输

运输工具应清洁、干燥、无异味、无污染，运输中应防雨、防潮、防暴晒、防污染。

九、药用食用价值

（一）药用价值

羌活主要化学成分包括挥发类成分（主要为挥发油）、非挥发类成分（香豆素类成分）、氨基酸、糖类、有机酸和有机酸酯类。

现代药理研究证明，羌活挥发油具有发散解表、芳香开窍、理气止痛、祛风除湿、活血化瘀、驱寒温里、清热解毒、解暑祛秽、杀虫抗菌、抑制肿瘤等作用。香豆素类化合物具有抗血栓形成、抗心肌缺血、抗心律失常、抗炎、镇痛作用，为治疗心脑血管疾病、风寒湿痹、骨节酸痛提供了一定的药理学依据。

目前，以羌活为原料制成的中成药达150多种，常用的如追风膏、海马鹿茸膏、追风虎骨膏、追风除湿酒、追风舒经、活血追风膏、透骨镇风丸、豹骨酒、海蛇药酒、参茸虎骨药酒、参茸豹骨药酒、追风透骨丸、散风活血膏、风湿止痛膏等，均得到消费者的认可，特别是大活络丸、疏风再造丸、舒筋药水、祛风药酒等系列中成药用量较大。

（二）作为化妆品的原料

目前有些企业加工生产的羌活油对稳定情绪、消除疲劳、改善睡眠、清醒头脑、改善血液循环、排除体内毒素、润滑肌肤、延缓衰老有一定的功效，作为按摩精油和植物化妆品使用。含有羌活成分的化妆品还具有美容、增白的效果。

（三）食用价值

选择健壮、新鲜、无病虫的羌活花蕾，在沸水里焯一下，加入蒜泥、调料，用植物油炝锅，拌成凉菜，口感非常好，是时令美味佳肴。

（四）其他

把羌活种子和当归种子（当年抽薹，不宜留种的种子）各半，装入直径10～15厘米，长35厘米的布袋，做成颈椎枕、腰椎枕，每天枕1～2小时，对于颈椎、腰椎病有很好的疗效。

将羌活种子和当归种子（当年抽薹，不宜留种的种子）各10克，放入1000毫升的容器，倒入沸水浸泡30分钟，后将滤液倒入洗脚盆中，加入适量热水，泡脚30分钟，长期坚持，对心脑血管病有很好疗效。

参考文献

[1] 中国科学院中国植物志编辑委员会. 中国植物志［M］. 北京：科学出版社，1999.

[2] 阎凤，朱宏伟，董生健，等. 羌活的生态环境及生长发育规律初探［J］. 甘肃农业，2006，（6）：137.

[3] 甘肃省羌活种子繁育、种苗繁育、栽培技术规程地方标准［D］. 2017：12.

[4] 国家药典委员会. 中华人民共和国药典［S］. 2020年版一部. 北京：中国医药科技出版社，2020：190.

[5] 高娜，董生健，何小谦. 羌活药用价值与产业化开发建议［J］. 科学种养，2016，5：3.

[6] 董生健，罗志红，何小谦. 羌活地膜覆盖栽培技术［J］. 甘肃农业科技，2013，（11）：56.

[7] 冉懋雄，周厚琼. 现代中药栽培养殖与加工手册［M］. 北京：中国中医药出版社，1999.

[8] 张阿强，李建宏，谢放. 宽叶羌活栽培技术研究进展［J］. 甘肃农业科技，2013（11）：54-56.

[9] 刘琴. 濒危资源植物羌活生长规律及环境影响［D］. 成都：四川大学，2016：16.

[10] 田丰，李福安. 不同套种作物对宽叶羌活生长的影响［J］. 安徽农业科学，2009，37（29）：14179.
[11] 李永平，王拴旺. 青海道地药材羌活栽培技术［J］. 安徽农业科学，2013，15（2）：268.
[12] 陈小莉，方子森，张恩和. 甘肃省羌活资源特征及开发利用［J］. 草业科学，2005，22（1）：1-3.
[13] 张恩和，陈小莉，方子森，等. 野生羌活种子休眠机理及破除休眠技术研究［J］. 草地学报，2007，15（6）：509-514.
[14] 马春琴，董生健. 羌活露地小麦套种育苗技术［J］. 农业与技术，2012（3）：39.
[15] 陈瑛. 实用中药种子技术手册［M］. 北京：人民卫生出版社，1999.
[16] 贾守宁，李军茹. 羌活生产加工适宜技术［M］. 北京：中国医药科技出版社，2018.

（董生健）

ku shui mei gui hua
苦水玫瑰花

本品为蔷薇科植物紫花重瓣玫瑰*Rosa rugosa* 'Plena'. 的干燥花蕾。2020年9月，甘肃省药品监督管理局发布的2020年版《甘肃省中药材标准》增补苦水玫瑰花等34个具有丰富资源和价值的地方习用中药制剂原料和临床调剂品种。

一、植物特征

落叶灌木，高约2米。茎枝有皮刺、腺毛，并密被绒毛。羽状复叶互生；小叶5～9，椭圆形或椭圆状倒卵形，长2～5厘米，边缘有细锯齿，下面密被灰白色柔毛及腺体；叶柄、叶轴有绒毛、刺毛和皮刺；托叶大部附着于叶柄，边缘有腺点；叶柄基部的刺常成对着生。花蕾直径0.7～1.2（2.5）厘米。花瓣上部紫红色，下部色淡；中央为深黄色雄蕊；花托半球形，被稀疏毛；萼片5枚，卵状披针形，黄绿色至棕绿色。蔷薇果扁球形，砖红色，直径2～2.5厘米。花期5～8月，果期6～9月。（图1）

植株

花

图1　紫花重瓣玫瑰（韩富军 摄）

二、资源分布概况

玫瑰原产于我国，西汉以前，在西安附近已有栽培。唐宋以后，江南，特别是江浙一带，普遍栽植。目前玫瑰花的商品均为栽培品，生产栽培以鲁、甘、苏、浙、粤诸省为多。山东平阴、甘肃永登苦水、北京妙峰山涧沟村、河南商水、浙江吴兴等地是玫瑰的著名产地。

近年来，各地方大力引种栽培玫瑰，推进中药材产业扶贫工作，优化贫困地区产业布局。六盘山区主栽玫瑰有两个种：一个是紫花重瓣玫瑰 *Rosa rugosa* f. plena（Regel）Byhouwer.，栽种的面积比较小；另一个是苦水玫瑰，是目前的主要栽培品种。

苦水玫瑰花（紫花重瓣玫瑰在长期的生产中逐渐进化而来）是区域性著名玫瑰品种，具有生长茂盛、花色鲜艳、香味浓郁、肉厚味纯、产花量及产油率高、精油质量好、抗逆性强等特点。一般株高2.5米，水平冠幅2.2米左右，根系分布深度在0.5米以上，无明显主根。历经200多年的栽培，甘肃兰州市永登县苦水镇形成了闻名遐迩的“苦水玫瑰”品牌，苦水镇也因此享有“中国玫瑰第一乡”的美誉。

三、生长习性

玫瑰系温带落叶灌木，耐寒、耐旱，对土壤要求不严，在微碱性土地能生长，在富含腐殖质、排水良好的中性或微酸性轻壤土上生长和开花最好，喜光，在庇荫遮光下生长不良，开花稀少，不耐积水，受涝则下部叶片黄落，萌蘖性很强，生长迅速。

苦水玫瑰是纯齿蔷薇与我国传统玫瑰的自然杂交种，具有抗逆性强、适应性广、单位面积产花量高等特点。适宜在海拔1500～2000米的中性、微碱性土壤、昼夜温差大、有一定灌溉条件的河谷、川塬地带生长，喜光照充足，干燥凉爽的环境，在气温20～26℃最宜生长，适宜pH在6～8。当气温达30℃以上时，生长减弱或暂停生长，-30℃以下易受冻害。

苦水玫瑰本是两性自花授粉植物，但在由单瓣花逐渐变为重瓣花的过程中，部分雄蕊变成了花瓣，结果花成单性，基本为异花授粉植物，一般不结果实，只有个别植株有结果现象，所以，除进行有性杂交培育新品种外，通常采用无性繁殖法（主要有分株繁殖、压条繁殖、扦插繁殖、嫁接等）。每年春季种植后，当年即能开花，第二年单株产量可达0.4千克左右，第三年1.5千克左右，5～6月为盛花期，花期一个月左右。近年来，发现有一年开花两次的植株。据研究，玫瑰花产量和含油率与土壤条件、水肥管理呈正相关，苦水玫瑰定植后，其根系一般能活25～40年，生长健壮，管理精细，寿命可达50年，有“一年种玫瑰，三十年收花”之说。

四、栽培技术

（一）园地选择

要选择在背风向阳且空气流通好的地方建园，尤以川谷地带为好，大风处不宜建园。要求排水良好，土层较厚，蓄水保肥，理化性质良好，中等肥力以上。在年降雨量600毫米以下的地区，选用水浇地为宜。

平整土地时，一般每亩施农家肥2500千克、磷肥100千克做基肥，并在栽植坑内亩施油渣饼40千克。（图2）

图2　玫瑰生境（韩富军 摄）

（二）苗木准备

主要采用分株法和压条法繁殖。分株法即在休眠期把玫瑰株丛周围1～2年生长的萌条，带根从母体上剪下来分栽。也可以选用中部健壮枝条进行扦插繁殖育苗。（图3）

图3　室内扦插育苗

压条法繁殖于春秋进行，在株丛旁边要压条的部位开深宽各8厘米左右的沟，然后把1～4个1～2年生的健壮充实枝条弯曲下来，分别平压入沟内，埋土8～10厘米，压实，露出枝梢。待所压枝条抽梢生根后，挖出来分栽。

栽培时要严格选用优质苗木。苦水玫瑰壮苗的标准是株高1米左右，苗木地表直径0.7厘米以上，根系发达完整。无病虫害和严重的机械损伤，生长充分健壮。（图4）

图4　栽植（韩富军 摄）

（三）定植

1. 定植时间

春、秋定植均可。以秋季开始落叶后立即定植成活率最高。

2. 定植方法

采用挖坑栽植法，栽植的深度和宽度必须大于根系长度。栽植深度达到使苗木根际低于地表15厘米。栽植后覆土压实，使土壤和苗根紧密相接。栽后灌足头水，以保证苗木成活。在干旱地区灌水后，要及时松土，保墒保苗。

3. 定植密度

在肥力高的玫瑰园，株行距为1.8米×2.8米，每亩定植130株；在中等肥力的玫瑰园，株行距为1.5米×2.5米，每亩定植180株。

（四）田间管理

1. 幼苗期管理（定植后第一年苗木的管理）

应视土壤水分状况而适时适量灌溉，松土锄草。7月份摘心一次，促进分枝。立冬前后在玫瑰苗根际部位培土，土层厚度5～10厘米，促进分蘖。对死亡苗木，及时进行补栽。

2. 树体形成期管理（定植后第二、三年的玫瑰树体管理）

每年5～7月施氮肥一次，每亩量为第二年20千克，第三年25千克。冬灌前结合培土，每亩施油渣100千克。

每年开花后，进行一次轻度的整形修剪，剪掉互相竞争而生长纤弱的萌条、徒长条、枯枝、纤弱枝、病虫枝、重叠枝以及树冠外围下部垂直地面的下垂枝。

3. 盛花期管理

第四年开始，树体基本形成，进入盛花期阶段，应加强水肥管理。必须适当控制氮肥而增施磷肥、钾肥。由于树体强大，开花繁多，对水分和养分的需求相应增加。每年灌水5次为宜，每次都要灌足，并及时松土保墒。每年每亩施磷肥100千克，油渣饼100千克，钾肥10千克，氮肥15千克。

整形修剪。要求达到树形开张，通风透光，除采取与第二、三年生树体相同的修剪方法外，还需对强枝剪去1/3，适当控制生长，弱枝剪去2/3，使营养成分高度集中，凭借顶端优势产生强壮枝条，促进花芽形成，使之开花多、花朵大、花瓣厚、花色艳、香气浓、含油量高且质量好。

4. 枝条衰老更新期管理

八年以上的主茎和枝条逐渐衰老，但其根系生活力却正在旺盛时期，通过对地上部分衰老枝条的平茬，使其更新复壮。更新时间以花谢后立即进行最好，更新的植株当年新萌发的枝条长高1米左右，翌年夏季即可开花。更新方法采用将衰老枝条于地表以上5～10厘米处剪掉。更新后，第二年即能恢复到更新前树体，进入第二轮盛花期。

（五）病虫害防治

由于苦水玫瑰种植户长期粗放管理，以及与果树、豆类、蔬菜、粮食等多种作物间作，导致病虫害滋生蔓延，新的病害与虫害不断出现，给病虫害防治工作带来了很大压力。目前对苦水玫瑰栽培造成危害的主要虫害有10种，病害4种。

1. 主要虫害

（1）玫瑰犁瘿蜂　是近年在苦水玫瑰主要产区大面积发生的新虫害，玫瑰受瘿蜂危害后会造成树势减弱，落叶早，花蕾产量下降，危害严重。

农业防治　摘除虫瘿：对虫害发生轻、虫瘿较少的地块进行人工摘除瘿瘤并焚烧销毁；平茬剪枝：剪去带瘿瘤枝条焚烧，危害严重的虫源地块进行平茬，彻底销毁，在落叶后清扫地下虫瘿瘤焚烧，也可达到减少虫口密度的目的；保护和利用天敌：6～9月是苦水玫瑰犁瘿蜂天敌活动期，在此期间应避免化学农药的使用，尽可能利用天敌控制害虫；加强检疫：为防止玫瑰瘿蜂蔓延传播，应加强对调运苗木的检疫，防止瘿蜂进一步蔓延。

化学防治　在成虫羽化产卵期及幼虫孵化期（玫瑰发芽展叶至花蕾采前10天）用内吸性强的杀虫剂如吡虫啉、啶虫脒、甲氨基阿维菌素苯甲酸盐等药剂交替使用，连续防治2～3次。

（2）华中黑头三节叶蜂　是近年来发生的新害虫，成虫白天活动，晚上静伏于叶片反面或正面，不取食。幼虫孵化后向枝梢顶部移动，自玫瑰枝梢顶部群集向下嚼食叶片，将叶片全部吃光，仅留叶片主叶脉和叶柄，幼龄树由于多为当年生新枝，严重者会将整株幼树叶片吃光。

农业防治　7月下旬起观察玫瑰当年生新梢，发现未孵化卵块及时剪除销毁；春季扒开玫瑰根际土壤晾晒，使越冬茧干燥死亡，或使茧内预蛹见光不能化蛹，或玫瑰根基培土5～10厘米，使蛹不能羽化或使羽化后的成虫不能出土而死亡。

化学防治　低龄幼虫期为最佳防治期，利用华中黑头三节叶蜂群集取食的习性进行药剂防治，试验表明，2.5%高效氯氰菊酯1000倍液、5%啶虫脒1500倍液、1.8%阿维菌素1000倍液、甲氨基阿维菌素苯甲酸盐或3%阿维・高氯1000倍液等都具有较好的防治效果。

（3）红蜘蛛　在每年的花蕾采收后常常群集于植物叶背面危害。个体很小，不易被发现，一旦发现其危害，往往已受害较重。初期叶片失绿，被害处呈黄色小斑点，后逐渐扩展到全叶，叶缘卷曲，以致焦枯、脱落，严重时植株死亡。

防治措施：以生物防治和化学防治相结合的方法，避免其抗药性增长过快。采取措施：清除枯萎的植株、落叶或杂草，以减少翌年螨源；初春发芽前全面喷施3～5度波美石硫合剂杀死在枝干上越冬的成螨、若螨；花蕾采收后喷药，农药选择要注意药剂的更新和交替使用，同时要注意在螨类发生初期及早防治。常用的药剂有：噻螨酮乳油、四螨嗪悬浮剂（以上2种药剂为杀卵剂）、哒螨灵乳油、唑螨酯乳油、三唑锡可湿性粉剂、螺螨酯悬浮剂、中保杀螨、阿维・高氯、炔螨特等，按要求的浓度交替使用，一般3～5天防治1次，连续防治2～3次。

（4）大青叶蝉　大青叶蝉每年发生3代，主要为若虫于5月上旬危害玫瑰叶片，刺吸叶液，造成叶片褪绿。

防治措施：清除田间杂草，消灭害虫群集产卵场所；若虫孵化前即有危害时，在苦水玫瑰叶背及田间杂草上喷施2.5%阿维・高氯、5%啶虫脒或杀螟丹，杀灭若虫。

（5）苹果蓝跳甲　是近年来发生在苦水玫瑰上的新害虫，1年发生2代，以成虫越冬，翌春5月成虫开始取食、交尾、产卵，以成虫取食玫瑰叶片为害。

防治措施：在两次出蛰期群集阶段的防治，可选用送蟑归或敌敌畏及常用的菊酯类杀虫剂按要求浓度交替进行防治。

（6）白粉虱　1年发生12～15代，近年来在苦水玫瑰上的危害日益加重，成虫和若虫吸食玫瑰汁液，使被害叶片褪绿，同时分泌蜜露，污染叶片，引起煤污病。

防治措施：利用成虫对黄色的趋性，用黄色诱虫板诱捕成虫。药剂防治：用杀螟丹、蓟虱净、啶虫脒、苦参碱、噻虫嗪、烯啶虫胺等，一般3～5天防治1次，连续防治2～3次。

（7）蚜虫　玫瑰蚜虫一年发生数十代，在5～9月间发生较为严重，成、若虫均聚集在新芽、未展开叶片或者花苞上，吸取植物汁液。使心叶皱缩不能展开，危害花苞影响花朵正常开放，并导致花瓣留下点刻斑痕，严重影响植株生长。蚜虫分泌的“蜜露”易诱发煤污病，蚜虫危害易诱发病毒病等。

防治措施：药剂防治选用吡虫啉、阿维菌素、啶虫脒等高效低毒低残留农药，化学防治应注意保护瓢虫、草蛉等天敌昆虫。

（8）玫瑰茎蜂　1年发生1代，以幼虫在受害枝条里越冬，翌年5月成虫开始羽化、交尾，产卵在当年生枝条嫩梢处，一般每个嫩梢上产1粒卵，5月中下旬初孵幼虫开始钻进枝条的髓部，往下把髓部蛀空，然后利用红褐色虫粪及木屑把虫道堵住，造成受害枝条萎蔫、干枯，以后尖端变黑下弯。进入秋季有的钻至枝条地下部分或钻进上年生较粗的枝条里作薄茧越冬。

防治措施：发现萎蔫的嫩梢、枝条要及时剪除，消灭枝内幼虫；保护利用该虫的天敌；成虫羽化初期及卵孵化盛期及时喷施阿维·高氯、高氯甲维盐、吡虫啉等杀虫剂杀灭成虫及初孵幼虫。

（9）介壳虫　每年发生1代，以2龄若虫在枝上越冬，外覆有蜡被。3月中旬开始从腊被里脱出另找固定点，然后雌雄分化。初孵若虫分散到枝、叶背为害，落叶前叶上的虫转回枝上。在4月下旬至5月上旬危害最盛。

防治措施：结合冬春修剪，剪除有虫枝条，并带出园外烧毁，减少越冬虫源基数；发芽前越冬雌虫出蛰期，选用3～5度波美石硫合剂，或喷施阿维·高氯、中保杀螨，使树体呈淋洗状态；或用药涂抹密集成群的虫体表面，可基本杀灭越冬雌成虫。

（10）蛴螬　幼虫终身栖居土中，一般位于10～30厘米土层中，啮食根及幼苗，造成1年生新枝自根部折断，玫瑰营养缺乏，叶片发黄，萎缩，不能正常抽梢，开花，严重者造成枝条萎蔫，全株死亡。其发生与土质、营养状况、耕作水平、土壤含水量、盐碱程度、间作作物等有关，一般在河滩地及盐碱地发生重，在川台地发生较轻。

防治措施：做好预测预报工作：调查和掌握成虫发生盛期，采取措施，及时防治；不施未腐熟的有机肥料；精耕细作，及时镇压土壤，清除田间杂草；大面积春、秋耕，并跟犁拾虫等；设置灭虫灯诱杀成虫，减少蛴螬的发生数量。药剂处理土壤：用50%辛硫磷乳油每亩200～250克，加水10倍喷于25～30千克细土上拌匀制成毒土，顺垄条施，随即浅锄，或将该毒土撒于种沟或地面，随即耕翻或混入厩肥中施用。毒饵诱杀：每亩用50%辛硫磷乳油50～100克拌饵料3～4千克，撒于种沟中，亦可收到良好防治效果。

2. 主要病害

（1）玫瑰灰霉病　5月初，当气温变化较大，连续2～3天阴天或降雨，玫瑰发生灰霉病，症状表现为：叶片边缘或尖部上首先出现褐黄色针尖大的斑点，很快叶片边缘病斑扩大，叶片边缘干枯，叶片发黄脱落；花蕾着生数量少，花蕾小，严重的年份可导致50%减产。在曾发生过灰霉病的地块来年更易发病。

防治措施：灰霉病可以前期进行预防工作：每年4月中下旬，叶片展开时进行2次喷药预防，可以有效地防止灰霉病的发生。药剂有：速克灵、扑海因、嘧霉胺、烟酰胺水分散粒剂、百菌清·嘧霉胺等；在每年秋季落叶后，采用3～5度波美石硫合剂全树喷施。

（2）玫瑰黑斑病　主要危害叶片、叶柄和茎。染病叶面出现黑褐色近圆形至不规则形病斑，斑径2～3厘米，边缘具分枝状菌丝束，呈放射状向外扩展，后期病斑连接成不规则形大斑。病情严重时造成大量落叶，剩下秃枝和枯梢，严重影响药材质量和产量。病菌以菌丝体在寄主芽鳞、叶痕、枯枝落叶上越冬，翌年秋季雨后产生分生孢子，借风雨传播蔓延。

防治措施：合理密植，注意通风透光；科学施肥，增施磷钾肥，提高植株抗病力；注意及时摘除病叶，清扫落叶，集中深埋或烧毁，减少菌源。药剂防治：早春发芽前，喷施3～4度波美石硫合剂；发病初期可喷施苯醚甲环唑、丙环唑与10%苯醚甲环唑、甲基硫菌灵、多菌灵或代森锰水剂。

（3）玫瑰煤污病　煤污病又称煤烟病，此病的发生与蚜虫、介壳虫、白粉虱等昆虫有关。煤污病病菌寄生到昆虫的分泌物及排泄物上发育，在叶面、枝梢上形成黑色小霉斑，后扩大连片，使整个叶面、嫩梢上布满黑色霉层。影响光合作用，降低观赏价值和经济价值，甚至引起死亡。高温多湿、通风不良均会加重病情。

防治措施：加强栽培管理，种植密度要适当，及时修剪病枝和多余枝条、增强通风透光性；煤污病防治应以治虫为主，根据不同害虫选择性喷施速蚧杀乳油、阿克泰、吡虫啉、菊酯类农药、杀螟丹或啶虫脒等；植物休眠期喷3～5度波美石硫合剂，消灭越冬病源和虫源。

五、采收加工

（一）采收

玫瑰定植后2～3年即可采花，一般能够连续采收20～25年。一般亩产鲜花200千克左右，折干率约25%。

苦水玫瑰从初花期到末花期约有20～30天，其中摘收期15～20天。作为药用玫瑰花，采摘则是以花蕾的大小和将要开放的程度为依据，一般采蕾体饱满、隔日欲开的花蕾为最佳。常在4月下旬至5月下旬，分期分批采收，文火烘干或阴干；或者先把新鲜花朵放在太阳光下晒成半干，再去烘干焙制。

按照先外后内、自上而下的顺序进行采摘，以减少花朵损伤。采摘时于花托下部花柄处将花摘下，使花朵完整，利于贮存。采摘下来的花（蕾）严禁挤压、揉搓或日晒，以保持最佳的含油量和香气。

采摘玫瑰时以“头水花”质量最佳。一天中，以上午8：00～10：00含油量最高，应在此时采摘。

（二）加工

药用花采后晾干或用文火烘干，烘时将花薄摊，花冠向下，烘干后再翻转迅速烘至全干。以身干、色红鲜艳、朵均匀、香味浓郁、无散瓣和碎瓣者为佳。

六、地方标准

（一）性状

本品呈卵球形或呈不规则团块状，花蕾直径0.7～1.2（2.5）cm。花瓣上部紫红色，下部色淡；中央为深黄色雄蕊；花托半球形，被稀疏毛；萼片5枚，卵状披针形，黄绿色至棕绿色。体轻，质脆。气芳香浓郁，味微苦涩。（图5）

（二）鉴别

本品粉末淡红色。非腺毛为单细胞，多呈弯曲的棒状，壁较薄。花瓣表皮细胞类长方形，有淡红色内容物散在。花粉粒易见，类圆形，具3萌发孔。花萼表皮细胞圆多角形，可见条纹。有时可见草酸钙簇晶。

图5　苦水玫瑰药材（韩富军 摄）

（三）检查

1. 水分

不得过13.0%。

2. 总灰分

不得过5.0%。

3. 二氧化硫残留量

不得过50mg/kg。

（四）浸出物

照水溶性浸出物测定法项下的热浸法测定，用20%乙醇作溶剂，不得少于25.0%。

七、仓储运输

（一）运输

采摘的鲜花，立即送往加工地点。不能立即加工的鲜花，可采用盐渍贮存法，即食盐和鲜花按2：8的比例均匀混合，加以适量的清水，贮存在大缸或专用池内，陆续加工。这样可保鲜花30天左右。对于供远方酿酒或糖果、食品等加工的鲜花，须经保鲜技术处理，方可长途运输，以免霉烂变质。花蕾采用烘干、晒干、晾干等方法处理，可保持形状、色泽、香气基本不变，质量较好。

干花蕾要轻拿轻放，严禁挤压、揉搓。采收的玫瑰花必须放在通风的箩筐里，箩筐用竹篾或铁丝编成，盛花时不要压得太紧，要及时送往场地内晾晒或在仓库内烘干。注意晾晒不要褪色，也不宜烘干时间过长而造成散瓣。

（二）贮存

仓库应具有防虫、防鼠、防鸟的功能；要定期清理、消毒和通风换气，保持洁净卫生。运输时要用箱装，防压，注意防潮、防虫蛀。箱体贮于阴凉干燥处。

八、药材规格等级

依据中华中医药学会颁布的《中药材商品规格等级 玫瑰花》（T/CACM 1021.69—2018）标准，苦水玫瑰花的商品规格等级如表1。

表1　苦水玫瑰花商品规格等级

<table>
<tr><th colspan="2" rowspan="2">等级</th><th colspan="2">性状描述</th></tr>
<tr><th>共同点</th><th>区别点</th></tr>
<tr><td rowspan="2">选货</td><td>一等</td><td rowspan="2">本品略呈半球形或不规则团状，直径0.7～1.0厘米，残留花梗上被细柔毛，花托半球形，萼片5，披针形，黄绿色或棕绿色，被有细柔毛;花瓣多皱缩，呈覆瓦状排列，紫色，体轻质脆。气芳香浓郁，味微苦涩</td><td>残留花梗的≤3%，完整的花蕾≥80%，杂质≤1.5%</td></tr>
<tr><td>二等</td><td>残留花梗的≤5%，完整的花蕾≥70%，杂质≤2%</td></tr>
<tr><td colspan="2">统货</td><td colspan="2">本品略呈半球形或不规则团状，直径0.7～1.0厘米，残留花梗上被细柔毛，花托半球形，萼片5，披针形，黄绿色或棕绿色，被有细柔毛;花瓣多皱缩，呈覆瓦状排列，紫色，体轻，质脆。气芳香浓郁，味微苦涩</td></tr>
</table>

九、药用食用价值

玫瑰是集药用、食用、绿化于一体的木本植物。既是一种经济作物，又具有美化环境及水土保持的重要作用，广泛应用于化工、食品、酿酒、医药、园林绿化及水土保持等方面。

苦水玫瑰为食药兼用型品种，属东方香型的典型代表。其花朵主要用于食品及提炼香精玫瑰油，玫瑰油要比等重量黄金价值高，主要应用于化妆品、食品、精细化工等工业。随着经济社会的不断发展和苦水玫瑰的深层次开发，苦水玫瑰的经济价值和社会价值日渐凸显，产品附加值越来越高，用途越来越广泛，现已成为集观赏、油用、食用、药用、酿酒及香料等多种用途于一身的特色经济品种。

（一）药用价值

玫瑰花作为中药名出自明·姚可成《食物本草》，称其“主利肺脾，益肝胆，辟邪恶之气，食之芳香甘美，令人神爽。”《本草纲目》认为玫瑰花能解郁气、止腹痛、和血、柔肝气。玫瑰花在药性方面较特别，对调理妇女经期前引起的乳房及腹部胀痛有良好的保健功效。用玫瑰花与白糖一起熬成玫瑰膏，能治疗吐血胸痛。若与芡实、鸡冠花配伍，治赤白带下。玫瑰花可采取泡茶、煎汤、浸酒、熬膏等多种内服法，亦可外用。现代医学研究认为，苦水玫瑰花总黄酮（以芦丁计）0.33克/100克～0.58克/100克，也远高于其他玫瑰0.4克/100克的含量。有利于人体心脑血管、消化系统、新陈代谢以及免疫功能的提高。

1. 治肝胃气痛

可用苦水玫瑰花9克，杭芍9克，郁金9克，佛手9克，甘草6克，水煎服，每日1剂；或者玫瑰花6克，香附12克，白芍、川楝子各10克，水煎服，每日1剂；亦可用玫瑰花6克，佛手10克，沸水冲泡，代茶饮。治疗肝胃不和所致的胁痛脘闷，胃脘胀痛。

2. 治损伤瘀痛

苦水玫瑰花9克，全当归3克，红花3克，加水煎汤取汁，用白酒少量兑服，可治外伤血瘀肿痛，或痹证经络不通之肿痛。

3. 治胃热吐血

《救生苦海》有玫瑰膏治呕吐失血、咽干口燥方：鲜玫瑰花250克，加水煎汤取汁，再煎至浓稠，加等量白糖，煎沸成膏，待冷备用，每服1～2汤匙，每日3次。或苦水玫瑰花10克，冰糖30克，水煎分早晚服用，主治肝气郁结而致的吐血。

4. 治泄泻

苦水玫瑰花6克，茉莉花3克，金银花9克，陈皮3克，甘草3克，绿茶9克，混匀，分3～5次，用沸水冲泡，加盖闷10～20分钟，代茶频饮。具有消炎抗菌，收敛固肠，理气止痛，消化内积的功效。用于急慢性肠炎、细菌性痢疾，消化不良引起的腹泻。

5. 治咳嗽咯血

苦水玫瑰花12克，冬虫夏草10克，三七粉3克（冲），水煎服。功能散瘀和血，止咳润肺。亦可用鲜玫瑰花适量，捣汁，炖冰糖20克，温服。

6. 治月经不调

苦水玫瑰花6克，益母草30克，红砂糖15克，水煎，分3次服。功能调血和冲，用于月经不调、痛经、月经过多；也可以用玫瑰花、月季花各10克，益母草、丹参各15克，水煎服，每日1剂，主治痛经及经期错乱。

7. 治高血压

可用苦水玫瑰花3克，玫瑰茄3克，菊花5克，甜叶菊5克。沸水冲泡15分钟，代茶饮。功能疏风清热，解毒明目。

8. 治肥胖症

苦水玫瑰花、茉莉花、玳玳花、川芎、荷叶各5克，沸水冲泡15分钟，每晚代茶饮。功能化痰除湿，减肥降脂。

（二）食用价值

苦水玫瑰花腌制成的玫瑰糖酱，可作为各种糕点馅、汤圆馅、饮料等；腌制的苦水玫瑰花可制作多种品牌的玫瑰酒，可舒筋活络，治疗关节炎。早在宋代，民间就有用糖腌渍玫瑰花瓣而制成的“玫瑰花酱”的方法。现在苦水人们在春季用苦水玫瑰鲜花浸酒、做糕点、入肴馔，可以做玫瑰花粥、玫瑰花茶、玫瑰肉、玫瑰锅巴、玫瑰豆腐等。苦水玫瑰花还可熏茶，常饮可辟秽醒神。苦水玫瑰花还是“兰州三泡台”和各类花饮、茶饮的上好原料。苦水玫瑰花制作的化妆品，可使皮肤光泽，为美容之精品。苦水玫瑰花的香味能使人体味芳香、身心愉悦。

1. 二花桔梗茶

苦水玫瑰花、月季花、绿茶各3克，桔梗、山萸肉各6克，共为细末，沸水冲泡10分钟后，不拘时饮用，每日1剂。主治气滞血瘀所致的梅核气。

2. 二花调经茶

苦水玫瑰花、月季花各9克，红茶3克，共为粗末，以沸水冲泡，加盖10分钟，即可饮用。每日1剂，在经行前几天服用最好。主治气滞血瘀所致的痛经，经闭，或经色黯且夹有血块等。

3. 玫瑰花粥

用糯米煮成粥，粥熟后加入适量的苦水玫瑰花蕾，待粥熬成粉红色时，即可食用。常食玫瑰花粥，可悦人、美容，使皮肤更加细腻紧致，还可治疗因气郁而引起的胃痛，有镇静、抗忧郁的作用。

（三）玫瑰精油

苦水玫瑰精油可与世界著名玫瑰产地保加利亚的蔷薇香精媲美。以玫瑰花提取的玫瑰精油，用于制作香精、香料、香水及各种化妆品的原料。玫瑰花含挥发油约0.03%；主要含香茅醇，可高达60%。玫瑰花经蒸馏所得的香液为玫瑰露，玫瑰露甘美可口，是疏肝理气、宽胸散结的佳品。

参考文献

[1] 苦水玫瑰为地理标志保护产品[EB/OL]. http://www.kushuimeigui.com.cn/html/5849705718.html.

[2] 苦水玫瑰综合开发项目[EB/OL]. http://ydx.lanzhou.gov.cn/art/2016/12/20/art_1866_76304.html.

[3] 贾佼佼，苗明三. 玫瑰花的化学、药理及应用分析[J]. 中医学报，2014，29（9）：1337，1338，1350.

[4] 牛元，徐琼，庄健，等. 4种变异苦水玫瑰形态和鲜花香气的分析[J]. 经济林研究，2017，35（04）：248-253.

[5] 韩富军. 苦水玫瑰产业现状及存在的问题[J]. 甘肃科技纵横，2014，43（11）：70-71.

[6] 吴步梅，张文利，徐琼，等. 苦水玫瑰主要病虫害无害化防控及天敌利用[J]. 甘肃科技纵横，2014，43（11）：39-45.

[7] 郭鹏辉，王瑾书，韦体，等. 苦水玫瑰的开发利用现状与发展对策[J]. 安徽农学通报，2017，23（13）：31-33，38.

[8] 崔兴林，武兴宝，秦新惠，等. 苦水玫瑰科学化扦插育苗技术[J]. 陕西农业科学，2017，63（06）：96-97，100.

[9] DB62/T1343—2005. 无公害农产品中国苦水玫瑰栽培技术规程[S]. 兰州：甘肃省质量技术监督局，2005.

[10] DB62/T1344—2005. 无公害农产品中国苦水玫瑰干花蕾[S]. 兰州：甘肃省质量技术监督局，2005.

[11] DB62/T1942—2010. 兰州市农产品富硒苦水玫瑰[S]. 兰州：甘肃省质量技术监督局，2010.

[12] GB/T22443—2018. 中国苦水玫瑰（精）油[S]. 北京：中国国家标准化管理委员会. 2018.

[13] 甘肃省药品监督管理局. 甘肃省中药材标准[S]. 2020年版. 2020：396.

（韩富军）

ban lan gen

板蓝根

本品为十字花科植物菘蓝*Isatis indigotica* Fort.的干燥根。

一、植物特征

二年生草本植物，高40～100厘米。茎直立，绿色，顶部多分枝，植株光滑无毛，带白粉霜。基生叶莲座状，长圆形至宽倒披针形，长5～15厘米，宽1.5～4厘米，顶端钝或尖，基部渐狭，全缘或稍具波状齿，具柄；基生叶蓝绿色，长椭圆形或长圆状披针形，长7～15厘米，宽1～4厘米，基部叶耳不明显或为圆形。萼片宽卵形或宽披针形，长2～2.5毫米；花瓣黄白色，宽楔形，长3～4毫米，顶端近平截，具短爪。短角果近长圆形，扁平，无毛，边缘有翅；果梗细长，微下垂。种子长圆形，长3～3.5毫米，淡褐色。花期4～5月，果期5～6月。（图1）

图1　菘蓝（杜弢 摄）

二、资源分布概况

菘蓝由于适应性强，分布区域较广，在全国各地均有种植，主要分布于内蒙古、陕西、甘肃、河北、山东、江苏、浙江、安徽、贵州等地。板蓝根产量和质量相对比较稳定，种植面积主要取决于临床用量，进而导致药材价格波动，造成地理分布发生变迁。现主要种植地区是黑龙江大庆的大同区和红岗区、甘肃省张掖市的民乐县。

三、生长习性

菘蓝喜温暖潮湿、阳光充足的气候环境，较耐寒，怕水涝，喜阴凉。对土壤要求不严，一般夹沙土或微碱性的土壤均可种植；菘蓝是耐肥、喜肥性较强的草本植物，肥沃和土层深厚的土壤是其生长发育的必要条件。地势低洼、易积水、黏重的土地不宜种植。一般半年到一年即可收获。

生长发育：在温度16～21℃，且有足够湿度时，种子播种后约5天出苗。用种量约22～30千克/公顷，在8月上、中旬播种，当年只能形成叶簇，呈蓬座状越冬。翌年3月开始抽薹、现蕾，4月开花，6月果实相继成熟，全生育周期约9～11个月。

四、栽培技术

（一）种植材料

生产以有性繁殖为主，因此以种子作为种植材料。（图2）

种子品质在很大程度上决定了板蓝根的产量和品质，因此对板蓝根种子有一定的要求。根据相关研究，板蓝根种子可分为3级。一级种子：净度≥88.3%，千粒重≥8.5克，发芽率≥90%，种子饱满，有光泽，干燥，无杂质；二级种子：净度74.3%～88.3%，千粒重6.0～8.5克，发芽率70%～90%，较饱满，略有光泽，有少许瘪粒及杂质；三级种子：净度≤74.3%，千粒重＜6.0克，发芽率≤70%，种子干瘪，瘦小，大小不均匀，有不少杂质。三级种子由于千粒重较小，种子内积累的物质少，发芽后的植株由于营养物质匮乏，导致植株生长较弱，药材产量低。因此在生产中应选取一级种子和二级种子。

图2　种子（陈红刚 摄）

（二）选地与整地

1. 选地

菘蓝为深根植物，适宜温暖湿润的气候，抗旱耐寒，怕涝，应选择地势平坦、土层深厚、土壤肥沃、排水良好、含腐殖质丰富的砂质壤土或轻壤土地块种植，前茬作物以豆类、马铃薯、玉米或油料作物为佳。

2. 整地

前茬作物收获后，及时深耕晒垡，熟化土壤，纳雨保墒。播前深翻20～30厘米，沙地可稍浅些，打碎土块，耙耱平整，做成宽1.5～2.0米，高20厘米的平畦。结合做畦一次性基施腐熟农家肥15～22.5吨/公顷、磷酸氢二铵750～900千克/公顷、尿素150～225千克/公顷。（图3）

（三）播种

1. 播种材料和处理方法

以种子播种。因种子长期存放导致含水量较低，生理活动非常微弱，处于休眠状

图3 整地（杜弢 摄）

态。为了打破休眠，播种前需进行浸种催芽处理，其方法是：先用30℃温水浸泡种子4～5小时，然后捞出晾干后用湿布包好，置于25～30℃条件下催芽3～4天，待70%以上种子露白后即可播种。如若种子带菌严重，也可将浸种后的种子用50%多菌灵、50%百菌清、70%代森锰锌等药剂按种子重量的0.2%～0.3%拌种。

2. 播种时期

春末夏初，4月底、5月初播种。

3. 播种方法

播种方法有条播和撒播。条播时先采用锄头开沟，沟深约8厘米，将种子沿沟底均匀撒入，然后覆土，其厚度与沟持平，用脚踩一遍，或用磙子轻压一遍。撒播时将种子均匀撒在畦面，然后在畦面覆盖1～2厘米厚的细土，镇压，灌水。两种播种方式播种量相同，约22～30千克/公顷，当气温保持在18～20℃，7天即可出苗。（图4）

A

B

图4　播种（杜弢 摄）

（四）田间管理

1. 间苗定苗

根据幼苗生长状况，于苗高3～4厘米时间苗、定苗，株距5～10厘米。该阶段要注意保持土壤湿润，以促进养分吸收。

2. 中耕除草

由于杂草与菘蓝同时生长，齐苗后应及时中耕除草。当苗高6～7厘米时进行第一次中耕除草，10厘米时进行第二次中耕除草，以后根据杂草生长情况用手拔除。

3. 追肥

在第一次和第二次收割菘蓝叶后可追施腐熟农家肥12～15吨/公顷，或尿素45～60千克/公顷，以促进根和叶的生长。切忌施用碳酸氢铵，以免烧伤叶片。

4. 灌溉与排水

菘蓝生长前期水分不宜太多，以促进根部向下生长。7～9月份雨量较多时，可将畦间沟加深，大田四周加开深沟，以利及时排水，避免烂根。菘蓝生长期间如遇较长时间干旱，需在早晚进行补灌，切忌在白天温度高时灌水。

（五）病虫害防治

1. 菌核病

在多雨高温的6～7月发病最重。基部叶片首先发病，病斑处呈水渍状，后为青褐色，最后腐烂。茎秆受害后，布满白色菌丝，皮层软腐，茎秆表面和叶上可见黑色不规则的鼠粪状菌核，使整枝变白倒伏枯死。

防治方法：与禾本科作物轮作，避免与十字花科作物轮作；增施磷、钾肥，提高植株抗病力；开沟排水，降低田间温度。发病初期用65%代森锌500～600倍液喷雾，每隔7 天喷一次，连续2～3 次。

2. 白锈病

患病叶面出现黄绿色小斑点，叶背长出一隆起的白色脓包状斑点，破裂后散出白色粉末状物，叶片变畸形，后期枯死。

防治方法：清除田间植株残体，减少越冬菌源；实行轮作；雨后及时通沟排水，降低田间湿度；发病初期喷洒波尔多液（1：1：120），每隔7天喷一次，连续2～3次。

3. 根腐病

田间湿度大、气温高为该病发生的主要因素。发病后根部呈黑褐色，向上蔓延可达茎及叶柄，随后根的髓部也变成黑褐色，最后整个主根部分变成黑褐色的皮壳，皮壳内呈现乱麻状的木质化纤维。

防治方法：选择地势略高、排水畅通的地块种植；采用75%百菌清可湿性粉剂600倍液或70%敌可松1000倍液进行喷药防治。

4. 霜霉病

该病危害叶部，在叶背面产生白色或灰白色霉状物，无明显病斑，严重时叶片枯死。

防治方法：以农业防治为主，与禾本科、豆科植物合理轮作、合理密植，改善通风透光条件，发现病叶病株及时清除带出田外，集中深埋或焚烧。也可用50%退菌特1000倍液或65%代森锌500倍液喷雾防治。

5. 菜粉蝶

翅为白色，幼虫称菜青虫。菜粉蝶身体背面青绿色，咬食叶片，造成孔洞或缺刻，严重时仅残留叶脉和叶柄。每年能发生多代，以5、6月第一、第二代发生最多，危害最为严重。

防治方法：可用苏云金杆菌可湿性粉剂500～800倍液、90%敌百虫800倍液或10%杀灭菊酯乳油2000～3000倍液喷雾。（图5）

6. 蚜虫

蚜虫是常见害虫。危害后植株严重缩水卷缩，扭曲变黄。春秋两季危害最重，如果遇上秋旱极易发生。

图5　菜粉蝶危害（王惠珍 摄）

防治方法：消除田间杂草，结合中耕除掉老叶和黄叶，间去病虫苗，带出田外及时销毁。蚜虫多着生在板蓝根的心叶及叶背皱缩处，药剂难以全面喷到，要求在喷药时周到细致。一般用40%氰戊菊酯6000倍液、10%吡虫啉可湿性粉剂1500～2500倍液喷雾。

五、采收加工

（一）采收

根据板蓝根药效成分的高低，适时采收。实验证明：12月份药效成分的含量最高，因此，在初霜后的10月中下旬采收，可获取药效成分含量高、质量好的板蓝根。故这段时间选择晴天，进行板蓝根的采收。先割去叶片（免伤芦头），然后用锹或镐深刨，一株一株挖起，注意不要将根挖断，以免降低外观质量。但随着种植面积的加大，人工采收效率不高，现多采用机械化。（图6）

（二）加工

板蓝根先除去泥土、芦头和茎叶，摊在芦席上晒至七八成干，扎成小捆后再晒至全干，晒时严防雨淋，打包后装麻袋置于阴凉通风干燥处贮藏，并注意防潮、霉变、虫蛀，药材含水量不得超过15%。

A　　　　　　　　　　　　　　　　B

图6　采收（王惠珍　摄）

六、药典标准

（一）性状

本品呈圆柱形，稍扭曲，长10～20厘米，直径0.5～1.0厘米。表面淡灰黄色或淡棕黄色，有纵皱纹、横长皮孔突起及支根痕。根头略膨大，可见暗绿色或暗棕色轮状排列的叶柄残基和密集的疣状突起。体实，质略软，断面皮部黄白色，木部黄色。气微，味微甜后苦涩。（图7）

图7　板蓝根药材（王盼　摄）

（二）鉴别

横切面　木栓层为数列细胞。栓内层狭窄，韧皮部宽广，射线明显。形成层成环。木质部导管黄色，类圆形，直径约80微米；有木纤维束。薄壁细胞含淀粉粒。

（三）检查

1. 水分

不得过15.0%。

2. 总灰分

不得过9.0%。

（四）浸出物

不得少于25.0%（用45%乙醇作溶剂）。

七、药材规格等级

一等：干货。根圆柱形，头部略大，中间凹陷，边有柄痕，偶有分支。质实而脆。表面灰黄色或淡棕色。有纵皱纹。断面外部黄白色，中心黄色。气微，味微甜后苦涩。长17厘米以上，芦头下2厘米处直径1厘米以上。无苗茎、须根、杂质、虫蛀、霉变。

二等：干货。根圆柱形，头部略大，中间凹陷，边有柄痕，偶有分支。质实而脆。表面灰黄色或淡棕色。有纵皱纹。断面外部黄白色，中心黄色。气微，味微甜后苦涩。长17厘米以上，芦头下2厘米处直径0.5厘米以上。无苗茎、须根、杂质、虫蛀、霉变。

八、仓储运输

（一）仓储

药材仓储要求符合NY/T 1056—2006《绿色食品 贮藏运输准则》的规定。仓库应具有防虫、防鼠、防鸟的功能；要定期清理、消毒和通风换气，保持洁净卫生；不应与非绿色食品混放；不应和有毒、有害、有异味、易污染物品同库存放；在保管期间如果包装袋打开、没有及时封口、包装物破碎等，导致板蓝根吸收空气中的水分，发生返潮、结块、褐变、生虫等现象，必须采取相应的措施。

（二）运输

运输车辆的卫生合格，温度16～20℃，湿度不高于30%，具备防暑防晒、防雨、防潮、防火等设备，符合装卸要求；进行批量运输时应不与其他有毒、有害、易串味物质混装。

九、药用价值

（一）药用价值

现代药理研究发现，板蓝根抗菌谱较广，对枯草杆菌、溶血性链球菌、白喉杆菌、大肠埃希菌、伤寒杆菌等均有抑制作用，且有拮抗肝炎、乙脑、流感、腮腺炎等病毒作用。

1. 呼吸系统疾病

板蓝根及其制剂是治疗上呼吸道感染尤其是病毒性感染的常用药物，单方即可奏效。板蓝根片、板蓝根颗粒剂及板蓝根注射液广泛用于治疗或预防流感、急慢性咽炎、扁桃体炎、毛细支气管炎、流行性腮腺炎等。将橄榄果捣碎，用冷开水浸泡过滤，加入板蓝根注射液及防腐剂，可保存6个月。早中晚各喷1次。一周为1个疗程，连续喷2个疗程，预防上呼吸道感染。

2. 消化系统疾病

板蓝根作为肝炎的传统用药，预防及治疗病毒性肝炎效果确切，能较快消除症状，促进肝功能恢复。临床以复方治疗为多且效佳。随加减可用于治疗急性黄疸型肝炎、甲型肝炎、慢性乙型肝炎等各种肝炎。

3. 皮肤科疾病

板蓝根对多种病毒性皮肤病有较好疗效，如带状疱疹、玫瑰糠疹、扁平疣、尖锐湿疣、过敏性紫癜、结节性红斑、药疹等。

4. 五官科疾病

关于板蓝根治疗单纯疱疹性角膜炎，临床多有报道，有中药复方煎剂，也有注射剂及滴眼液等，尤以注射剂进行球结膜下注射治疗效果明显高于板蓝根治疗单纯疱疹性角膜炎。与干扰素合用，其安全性和抗病毒作用大为提高，从而增强了治疗病毒性角膜炎的疗效。

5. 口腔科疾病

疱疹性口炎（HS）是一种有单纯疱疹病毒1型（HSV-1）感染引起的口腔黏膜病。HSV-1侵犯机体时，炎细胞增多。当吞噬细胞增多时，产生内源性致热原，释放于血液，作用于体温调节中枢而发热，进而病毒引起口腔疱疹如溃疡。当用抗病毒药时，SHV-1复制减慢，体温降低，口腔疱疹和溃疡消失。板蓝根注射液和板蓝根颗粒剂均能明显降低体温。

6. 治疗痛风

应用板蓝根注射液治疗痛风临床疗效满意，治疗方法为：肌内注射板蓝根注射液4毫升（2支），1日1次，30次1个疗程。

7. 治疗面瘫

在治疗面瘫过程中，但见乳突痛、颌下淋巴结肿痛、咽痛以及舌质红，苔黄，脉形见数等头面上部火热症状，甚至久患面瘫，症情反复，兼有上述见证者，加用板蓝根一味，并加重其剂量，常可获得好的效果。

8. 治疗白喉

板蓝根煎剂治疗白喉，疗效颇佳。

9. 治疗水痘

板蓝根注射液2毫升，肌内注射，每日1次，用于小儿水痘患者。

10. 病毒性心肌炎

服用复方板蓝根颗粒（成分：板蓝根、大青叶、连翘、拳参），可有效治疗病毒性心肌炎。

（二）其他

板蓝根有清凉去火，驱除病毒、提高免疫力、预防感冒等功效，目前市场上已开发出了板蓝根植物饮料。

参考文献

[1] 唐璇．板蓝根药用史考[J]．环球中医药，2014，7（11）：869–871.

[2] 吴佩颖，王景敏．大青叶、板蓝根、青黛的本草考证[J]．上海中医药大学上海市中医药研究院学院，1996，10（1）：51–53.

[3] 孙翠萍，等．南北板蓝根的本草考证与现代研究[J]．亚太传统医学，2012，8（8）：183–184.

[4] 刘盛，谢华．板蓝根药材道地性初步研究总结[J]．中药材，2011，24（5）：319–321.

[5] 王斌，张腾霄．国内板蓝根药材质量评价方法的研究现状[J]．贵阳中医学院学报，2013，35（2）：31–33.

[6] 国家药典委员会．中华人民共和国药典[S]．2020年版一部．北京：中国医药科技出版社，2020：214.

[7] 刘盛，乔传卓．不同栽培居群板蓝根性状及显微特征的变异研究[J]．中草药，1999，20（5）：368–370.

[8] 熊清平，张丹雁．南板蓝根野生品与栽培品的形态及组织结构鉴别[J]．中药新药与临床药理，2012，23（2）：200–203.

[9] 李霞．板蓝根化学成分及质控制研究[D]．太原：山西医科大学，2010.

[10] 左丽，李建北．板蓝根的化学成分研究[J]．中国中药杂志，2007，32（8）：688–691.

[11] 武佳，解云霞．板蓝根化学成分及质量控制研究[J]．时珍国医国药，2006，17（10）：2067–2068.

[12] 陈勇，潘以琳．板蓝根中1个新的生物碱苷[J]．中药材，2017，40（1）：81–83.

[13] 董其亭，付志文，唐晓清，等．板蓝根化学成分研究进展[C]．全国第二届中药资源生态学学术研讨会论文集，2006.

[14] 刘海利，吴立军，李华，等．板蓝根的化学成分研究[J]．沈阳药科大学学报，2002，19（2）：93–96.

[15] 刘云海，吴晓云，方建国，等．板蓝根化学成分研究（V）[J]．中南药学，2003，1（5）：302–306.

[16] 马俊梅．板蓝根的现代药理及临床新用分析[J]．中国卫生标准管理，2014，5（6）：65–66.

[17] 王九洲，赵静．板蓝根的化学成分、药理作用及在兽医临床上的应用[J]．养殖技术顾问，2014，（9）：232.
[18] 窦传斌．板蓝根的药理研究及临床应用[J]．中国现代药物应用，2007，1（3）：32.
[19] 许雪燕，周鹏．板蓝根的药理作用及临床应用[J]．2014，26（8）：33-35.
[20] 马俊梅．板蓝根的现代药理及临床新用分析[J]．中国卫生标准管理，2014，5（6）：65-66.
[21] 阎艳．中草药治疗鸡传染性喉气管炎[J]．中兽医医药杂志，1992，10（5）：49.
[22] 吴成，杨喜雅．板蓝根的临床应用[J]．甘肃中医学院学报，1988，（4）：44-47.
[23] 林丽娟．板蓝根的现代药理与临床应用研究[J]．中国医药指南，2010，8（18）：63-64.
[24] 胡娅，方建国．板蓝根的药理作用与临床应用[J]．医药导报，2005，24（10）：921-922.
[25] 戚朝秀，吴笑梅，王晓黎．板蓝根滴眼液治疗急性细菌性结膜炎临床疗效研究[J]．中药材，2007，30（1）：120-122.
[26] 耿德军，侯钦荣．板蓝根在面瘫治疗中的应用[J]．中国民间疗法，1996，（1）：11.
[27] 吕华林．中药板蓝根在兽医临床上的应用[J]．动物科学，200，18（2）：78.

（王慧珍）

枸杞子

gou qi zi

本品为茄科植物宁夏枸杞*Lycium barbarum* L.的干燥成熟果实。

一、植物特征

灌木，或因人工栽培整枝而成大灌木，高80～200厘米，栽培者茎粗，直径达10～20厘米；分枝细密，野生时多开展而略斜升或弓曲，栽培时小枝弓曲而树冠多呈圆形，有纵条纹，灰白色或灰黄色，无毛而微有光泽，有不生叶的短棘刺和生叶、花的长棘刺。叶互生或簇生，披针形或长椭圆状披针形，顶端短渐尖或急尖，基部楔形，长3～5厘米，宽4～6毫米，栽培时长达6～8厘米，宽1.5～2厘米，略带肉质，叶脉不明显。花冠漏斗状，紫堇色，筒部长8～10毫米，明显长于檐部裂片，檐部5裂，裂片在花蕾中覆瓦状排列，裂片长5～6毫米，卵形，顶端圆钝，基部有耳，边缘无缘毛，花开放时平展；雄蕊的花丝基部稍上处及花冠筒内壁密生一圈密绒毛；花柱像雄蕊一样由于花冠裂片平展而稍伸出花冠。花萼钟状，长4～5毫米，通常2中裂，裂片有小尖头或顶端有2～3齿裂。浆果红色，在栽培类型中也有橙色，果皮肉质，多汁液，形状及大小经长期人工培育或植株年龄、生境的不同而多变，广椭圆状、矩圆状、卵状或近球状，顶端有短尖头或平截，有时稍凹陷，长8～20毫米，直径5～10毫米。种子常20余粒，略成肾脏形，扁平，棕黄色，长约2毫米。花果期较长，一般从5月到10月边开花边结果，采摘果实时成熟一批采摘一批。（图1，图2）

图1　宁夏枸杞植株与果实（申培增　摄）

二、资源分布概况

宁夏枸杞原产我国北部。河北北部、内蒙古、山西北部、陕西北部、甘肃、宁夏、青海、新疆有野生。由于果实入药而栽培，现在除以上省区有栽培外，我国中部和南部省区也已引种栽培。宁夏枸杞栽培主产区有宁夏、甘肃、青海、新疆、内蒙古和河北，其中宁夏中宁、甘肃靖远、青海都兰、新疆精河为枸杞子代表性产区。

图2　宁夏枸杞花枝（申培增 摄）

三、生长习性

宁夏枸杞对温度要求不严格，在北纬25°～45°范围内，年平均气温4.4～12.7℃，绝对最低气温-25.5～-41.5℃，绝对最高气温33.9～42.9℃的区域均能存活并形成产量；喜光照，弱光环境结果少、果粒小；耐干旱，在降雨量40毫米的戈壁荒漠有分布；抗盐碱，在含盐量1%的地块能存活，在含盐量0.5%的地块可获得高产；怕涝，在地下水位不足0.5米的地块生长明显受抑制。

在甘肃、宁夏六盘山枸杞产区，4月下旬，植株萌芽；5月初，完整新叶、花蕾显露；5月中旬，抽生枝条；6月中下旬，头茬果实成熟；7月中旬至8月中旬，进入盛果期；8月下旬，为采果末期；9月，抽生秋梢；10月，生长停止；11月，落叶，进入冬季休眠期。

四、栽培技术

（一）种植材料

选种丰产、抗病、种植效益高的枸杞品种，如宁杞1号和宁杞7号等。种苗选用株高90厘米以上、茎基粗≥5毫米、根系发达的一年生硬枝扦插苗，或株高70厘米以上、茎基粗≥4毫米、根系发达的一年生嫩枝扦插苗。优先选用本地繁育的枸杞种苗，随用随起苗。外调种苗要注意保湿，如不能及时定植要选择阴凉、潮湿环境假植。（图3）

（二）选地

选择灌溉便利、运输方便、远离污染源、土层深厚、土壤肥沃、含盐量低于0.5%，非茄科作物茬的砂壤土或壤土地块建园。

图3　宁夏枸杞种苗（申培增 摄）

（三）整地

前茬作物收获后，亩施入腐熟农家粪肥3～4吨、磷酸氢二铵50千克、尿素15千克，旋耕30厘米深，灌冬水备用。

（四）定植

以春季定植为主，3月下旬至4月上旬从土壤解冻至枸杞萌芽前为适宜定植期。按行距2米、株距0.75米拉线、定点挖坑栽植。栽植不宜过深，以茎基入土5厘米为准，并在植株旁边培植1个径粗2厘米以上高130厘米的扶正杆对主干垂直固定，踏实坑土，及时灌水。（图4）

（五）田间管理

1. 套种

定植第1年，可套种豌豆、四季豆、胡麻、洋葱等矮秆作物，与枸杞种植行保持50厘米以上间距。

图4　定植（申培增 摄）

2. 中耕除草

用微耕机铲除行间杂草。

3. 追肥

除定植第1年不需要补施肥料外，以后每年都要补施一定量的基肥和追肥。高产田施肥经验值为：每亩生产100千克枸杞干果需施入纯氮19千克、五氧化二磷14.25千克、氧化钾 4.75千克，分两次施入。萌芽前，结合旋耕整地沿树冠线施基肥，占总量的75%；6月中下旬头茬枸杞果实开始变红时，沿树冠线开沟施追肥，占总量的25%。提倡多施有机肥，减少化肥用量。

4. 灌水

春季和秋季灌水间隔期以40天为宜，夏季灌水间隔期以25天为宜，每亩每次灌水100～120吨。

5. 整形修剪

枸杞发枝力强，其根、茎和枝均能萌生大量枝条，整形修剪至关重要。按季节，修剪可分为冬剪、春剪、夏剪。冬季修剪在枸杞落叶后至春芽萌动前进行，主要剪除膛内徒长枝、直立性强的结果枝、老弱病残枝及部分斜生枝条，保留枝条长放或短截，突出基本树形。春季修剪在4月上中旬萌芽后进行，主要是弥补冬季修剪不足，剪除果枝干尖与针刺。夏季修剪在5月上旬至6月初枸杞新枝萌生和生长期进行，主要剪除树干和树冠内膛枝条萌生的徒长枝条，对余留枝条留放、短截或摘心，培养树形和结果枝组。(图5)

图5　整形（申培增 摄）

定植后，对有侧枝的苗木，选择3～4个位置、角度适宜的侧枝作为主枝，距主干20厘米处短截，疏除其余侧枝。对无侧枝的苗木，距地面60厘米处打顶定干，利用主干萌生枝条培养第1层树形。打顶后的主干会萌生众多新梢，保留剪口下10～15厘米整形带内3～4个分布均匀的强壮枝条作为主枝，剪除其余枝条。当主枝长度达到25厘米时，在距主干20厘米处打顶，促发一级侧枝。第2年春季，结合整形修剪，剪除主干上除主枝以外的所有枝条和主枝上的直立枝；短截处理与主枝垂直夹角＞30°的次强壮枝，培养结果枝组；保留弧形下垂的结果枝，并部分短截，促发二级侧枝。5月中下旬，注意选留距主干最近的徒长枝作为中心干，在比第1层高40厘米处摘心，培养第2层树形，修剪方法同第1层树形培养。经过3年整形修剪培养出产量稳定的两层结构树形，此期修剪重点就是稳定结构、突出层次、平衡树形。定植后第4年移出50%植株，保留220株/亩。

（六）病虫害防治

枸杞主要病虫害有炭疽病、根腐病、瘿螨、木虱、红瘿蚊和蚜虫，发生时期有重叠，需采取综合措施进行防治。

1. 萌芽前

结合整形修剪，剪除直立枝、膛内枝、近地枝，改善枸杞园通风透光性能，及时清除树梢残留病果和田间残枝落叶，均匀喷施3度波美石硫合剂，消灭树皮缝隙内越冬虫源和病源。

2. 萌芽期（5月初）

喷施1.8%阿维菌素乳油2000倍液和10%吡虫啉可湿性粉剂2000倍液，防治木虱、瘿螨和红瘿蚊。阿维菌素对木虱和瘿螨均具有良好防治效果，可起到"一药两防"的作用，对果内红瘿蚊幼虫防治效果较差，在瘿螨和红瘿蚊混合发生时期，要配合喷施10%吡虫啉可湿性粉剂2000倍液或5%啶虫脒乳油2000倍液。

3. 新枝形成期（5月下旬）

喷施20%四螨嗪悬浮剂2000倍液和5%啶虫脒乳油2000倍液，防治木虱、瘿螨和红瘿蚊。

4. 老枝果实膨大期（6月中旬）

喷施1.8%阿维菌素乳油2000倍液和25%噻虫嗪水分散粒剂4000倍液，防治瘿螨和蚜虫；其间若有较强降雨，要配合喷施10%苯醚甲环唑水分散粒剂1000倍液，预防枸杞炭疽病（黑果病）的发生。

5. 老枝果实始成熟期（6月底）

喷施1.8%阿维菌素乳油2000倍液和430克/升戊唑醇悬浮剂4000倍液，防控瘿螨和炭疽病。

6. 采果期（7月中旬以后）

喷施10%吡虫啉乳油2000倍液和40%氟硅唑乳油6000倍液，防控蚜虫和炭疽病。采果期喷施农药要严格控制使用浓度和用药总量，用药应在采果后进行，安全间隔期在6天以上。

枸杞根腐病是由土壤中的镰刀菌引起的枸杞根部病害，品种间抗病性存在明显差异，以宁杞1号、宁杞7号和蒙杞1号较抗根腐病，宁杞5号易感根腐病。农事操作不当，挖坑穴施粪肥伤根、机械深耕除草伤根和深挖根蘖苗伤根均会加重枸杞根腐病的发生。

五、采收加工

（一）采收

当枸杞果实色泽鲜红、表面光亮，果肉增厚、富有弹性时，即可采摘。一般从6月下旬开始采摘，7月上旬至8月上旬为盛采期，8月下旬至9月中旬为末采期，采摘间隔期5～8天。采果要注意轻采、轻拿、轻放，以减轻果实损伤。（图6）

图6　采收（申培增 摄）

（二）制干

将枸杞鲜果装入底部有渗水孔的塑料框中，用浓度2.5%～3%的食用碱粉（Na_2CO_3）

水溶液淋洗15秒，静置10分钟后，均匀摊放在长2.0米、宽0.9米的竹木果栈上，以厚度不超过两层鲜果为宜，相当于每个果栈摊放12.5千克鲜果。视天气状况确定自然晾晒、温棚晾晒或烘房制干，将枸杞果实含水量降低至13%以下。自然晾晒是利用自然光照进行制干，受天气状况影响大，需要多次移动、摆放果栈，制干期3～6天，适用于小面积枸杞种植户。温棚晾晒是利用塑料温棚进行日光增温制干，受天气状况影响较大，摆放果栈用工较少，制干期2.5～5天，制干效果和卫生状况较自然晾晒均有所提高，是当地枸杞制干的主要形式。烘房制干是利用循环热风实现枸杞脱水的制干方法，以燃烧煤炭为热量来源，以电动风机为热量传送动力，全过程温度自动控制，不受天气状况影响，制干快、效果好。一座长6.6米、宽3.6米、高3米的枸杞烘房的电机功率为7.4千瓦，煤耗为12千克/小时，批处理量为2500千克枸杞鲜果，制干用时24～26小时。（图7）

图7　制干（申培增　摄）

六、药典标准

（一）性状

本品呈类纺锤形或椭圆形，长6～20毫米，直径3～10毫米。表面红色或暗红色，顶端有小突起状的花柱痕，基部有白色的果梗痕。果皮柔韧，皱缩；果肉肉质，柔润。种子20～50粒，类肾形，扁而翘，长1.5～1.9毫米，宽1～1.7毫米，表面浅黄色或棕黄色。气微，味甜。（图8）

图8 枸杞药材（申培增 摄）

（二）鉴别

本品粉末黄橙色或红棕色。外果皮表皮细胞表面观呈类多角形或长多角形，垂周壁平直或细波状弯曲，外平周壁表面有平行的角质条纹。中果皮薄壁细胞呈类多角形，壁薄，胞腔内含橙红色或红棕色球形颗粒。种皮石细胞表面观不规则多角形，壁厚，波状弯曲，层纹清晰。

（三）检查

1. 水分

不得过13.0%。

2. 总灰分

不得过5.0%。

3. 重金属及有害元素

照铅、镉、砷、汞、铜测定法测定，铅不得过5毫克/千克，镉不得过1毫克/千克，砷不得过2毫克/千克，汞不得过0.2毫克/千克，铜不得过20毫克/千克。

（四）浸出物

照水溶性浸出物测定法项下的热浸法测定，不得少于55.0%。

七、仓储运输

（一）仓储

采用牢固、防潮、整洁、美观、无异味，便于装卸、仓储和运输的包装容器（袋）承装枸杞子，贮存于清洁、阴凉、干燥、无异味的仓库中。不得与有毒、有害、有异味及易污染的物品共同存放。

（二）运输

运输工具应清洁、干燥、无异味、无污染。运输时应防雨防潮，严禁与有毒、有害、有异味、易污染的物品混装、混运。

八、药材规格等级

根据国家标准GB/T 18672—2014，枸杞子质量分为四个等级，即特优、特级、甲级和乙级。各级枸杞子应符合以下基本要求：类纺锤形、略扁、稍皱缩，果皮鲜红色、紫红色或枣红色，具有枸杞应有的滋味、气味，没有无使用价值颗粒，无杂质。质量含量：枸杞多糖≥3%、蛋白质≥10%、脂肪≤5%、灰分≤6%、水分≤13%。总糖以葡萄糖计。

特优：不完善粒质量分数≤1%，粒度≤280粒/50克，总糖质量含量≥45%。

特级：不完善粒质量分数≤1.5%，粒度≤370粒/50克，总糖质量含量≥39.8%。

甲级：不完善粒质量分数≤3%，粒度≤580粒/50克，总糖质量含量≥24.8%。

乙级：不完善粒质量分数≤3%，粒度≤900粒/50克，总糖质量含量≥24.8%。

九、药用食用价值

枸杞子性平、味甘，归肝、肾经，滋肾润肺、补肝明目。用于治疗肝肾阴亏、腰膝酸软、头晕目眩、目昏多泪、虚劳咳嗽、消渴、遗精。

（一）临床应用

1. 肝肾不足，头晕盗汗，迎风流泪

枸杞子、菊花、熟地黄、怀山药各20克，山萸肉、丹皮、泽泻各15克，水煎服。

2. 肾虚腰痛

枸杞子、金狗脊各20克，水煎服。

3. 血脂异常

枸杞子、女贞子、红糖适量制成颗粒剂，每日2次，每次6克，4～6周为1疗程。

4. 萎缩性胃炎

枸杞子晒干，每日20克，分2次空腹时嚼服，2个月为1疗程。

5. 阳痿

枸杞子30～60克，白酒500克。将枸杞子浸泡15天后服用，每次5～10毫升，每日2次。

6. 妊娠呕吐

枸杞子50克，黄芩5～10克，开水冲泡，温时频服，以愈为度。

（二）食用价值

枸杞子为药食同源，常用来煲汤，如虫草枸杞鸭汤、枸杞桂圆银耳汤。

1. 虫草枸杞鸭汤

材料：冬虫夏草4克、枸杞子10克、鸭肉300克、盐适量。

做法：将鸭肉切块、洗净，放入沸水中氽烫，去掉血水，捞出备用。将冬虫夏草、枸杞子洗净，放入纱布包中。将所有材料放入锅中，加水至盖过所有材料即可，以武火煮沸，再转成文火继续炖煮约30分钟，快熟烂时加入盐调味。

功能：补肾、降压、强心、平喘、益肺肾、补精髓和增强机体免疫力等。

2. 枸杞桂圆银耳汤

材料：枸杞子20克、枸杞梗500克、银耳50克、桂圆10克、姜1片、盐适量。

做法：桂圆、枸杞子洗净。银耳泡发，洗净，煮5分钟，捞起沥干水。下油爆香姜，银耳略炒后盛起。另加适量水煲滚，放入枸杞梗、桂圆、枸杞子、银耳、姜，煲滚，文火再煲1小时，下盐调味即成。

功能：养肝明目、补血养心、滋阴润肺，对面色萎黄、两目干涩、口干咽燥者均有改善作用。

3. 枸杞子养肝茶

材料：枸杞子、怀山药、女贞子各10克，冰糖适量。

做法：枸杞子洗净，将怀山药、女贞子研碎，连同枸杞子一起放入陶器皿中。加水用小火煎煮10分钟左右即关火。加入冰糖搅拌，待温后即可饮用。

功能：养肝明目、滋阴补肾、补气健脾。

4. 玫瑰枸杞子红枣茶

材料：无核红枣3枚、黄芪2片、枸杞子5克、干燥玫瑰花6朵。

做法：将所有材料洗净，红枣切片，干燥玫瑰花先用热开水浸泡再冲泡。将以上所有材料放入壶中，冲入热开水，加盖闷3分钟即可。

功能：行气活血、养血安神、疏肝解郁。

5. 枸杞生地酒

组方：枸杞子、生地黄、白酒。

功效：具有补肾益精，滋阴，养肝明目之功效，适用于视物模糊、阳痿遗精、腰膝酸软、烦热头痛等症。

6. 人参枸杞酒

组方：人参、枸杞、冰糖、白酒。

功效：具有强壮抗老，补阴血，乌须发，壮腰膝，强视力，通经络之功效。

参考文献

[1] 国家药典委员会．中华人民共和国药典[S]．2020年版一部．中国医药科技出版社，2020：260.

[2] 中国科学院中国植物志编辑委员会．中国植物志[M]．北京：科学出版社，2004.

[3] 胡忠庆．枸杞高产高效综合栽培技术[M]．银川：宁夏人民出版社，2003，28-33.

[4] 韦桂宁，胡炳义．百草良方彩色图鉴[M]．北京：军事医学科学出版社，2015，125.

[5] 董广民．中华食疗大全[M]．北京：中医古籍出版社，2015.

[6] 王作生．中华名中药养生药膳大全[M]．青岛：青岛出版社，2013.

（申培增）

qín jiāo 秦艽

本品为龙胆科植物秦艽*Gentiana macrophylla* Pall.、麻花秦艽*Gentiana straminea* Maxim.、粗茎秦艽*Gentiana crassicaulis* Duthie ex Burk.或小秦艽*Gentiana dahurica* Fisch.的干燥根。

一、植物特征

秦艽为多年生草本植物，高30～60厘米。直根粗壮，圆柱形，多为独根，或有少数分叉者，微呈扭曲状，黄色或棕色。茎单一，圆形，节明显，斜升或直立，光滑无毛。基生

图5　温室育苗覆盖（魏莉霞 摄）

图6　温室育苗（魏莉霞 摄）

4. 病虫害防治

（1）地下害虫　用丙溴磷灌根或用50%辛硫磷800倍液灌根。

（2）根腐病　用50%多菌灵可湿性粉剂800倍液喷淋，每隔7天一次，连用2～3次。

（3）立枯病　用波尔·甲霜灵液浇灌温室秦艽苗防治立枯病。（图7）

（4）叶部病害　喷噻虫啉防治危害叶部的小地老虎。

图7　温室秦艽苗立枯病（魏莉霞　摄）

5. 种苗采挖

（1）采挖时间　日光温室育苗苗龄达到11个月，玻璃温室育苗苗龄达到9个月时，即可采挖移栽。（图8，图9）

（2）采挖方法　采挖前1～2天，在地表洒少量水，使土壤潮湿。采挖深度在10厘米以上，防止挖断根部。挖出的种苗扎把，苗头朝一个方向堆放在苗床上，将根部用湿土覆盖，用水淋湿，以防苗子失水。

6. 种苗运输

在纸箱底下铺一层塑料膜（地膜即可），然后加厚2厘米左右的潮湿土，将种苗码放入纸箱，顶部用湿土覆盖芦头及根部。长途运输中要遮盖篷布，防止风干失水。移栽前一定将种苗放在阴凉处洒水降温保湿，防止发热烂根。

图8　苗床育秦艽苗（魏莉霞　摄）

图9　温室生长9个月苗（魏莉霞　摄）

（二）大田栽培技术

1. 选地整地

在海拔1400～3000米，年均气温3～8℃，降水量400毫米以上的地区，都可人工种植秦艽。栽种秦艽的地在前茬收后及时翻耕，耕层尽量深一些，25～30厘米为宜；在深耕前将基肥（有机肥）捣细，均匀撒入地里，随着耕地翻入土壤中；耕后用耙整平。

2. 种苗选择

选择根茎直径在0.5厘米左右，健壮、新鲜的种苗，以提高移栽成活率和生长势。（图10）

图10 大田生长2年苗（魏莉霞 摄）

3. 种苗移栽

移栽密度按照株行距15厘米×20厘米开沟或者挖穴，使种苗舒展摆直，苗头和地面相平，栽植后踩实土壤，使种苗和土壤接触紧密，以提高移栽成活率。（图11）

图11 大田移栽

4. 田间管理

（1）浇水　种苗移栽后最好浇一次安根水。成活后可以少浇水。在降水量比较充足地区，生长期间可以不浇水；在比较干旱地区或遇干旱年份，每年春季植株返青后和入冬前各浇一次水为好。浇水后或下大雨后要及时松土，防止土壤板结。（图12～图14）

图12　秦艽生长初期（魏莉霞 摄）

图13　秦艽大田

图14　秦艽种子田（魏莉霞 摄）

（2）除草　及时清除田间杂草。

（3）追肥　移栽第一年的生长期间追施一次肥料，以增加植株生长速度和生长量。每亩追施尿素10千克或磷酸氢二铵20千克。在行间开浅沟，将肥料均匀撒入，然后覆土整平。

（4）越冬管理　越冬前最好浇一次水后锄地培土，使植株根部安全越冬。来年春季返青后及时松土除草。

5. 病虫害防治

（1）锈病　锈病主要表现为叶片呈黄色至橘红色斑点，严重时可成片状，周围有黄色晕圈，叶背面病斑隆起。根茎上出现锈斑，使叶片干枯，导致减产。高温多湿、多雨、多雾季节常引起病害流行。发现中心病株时，立即全田喷施粉锈宁25%可湿性粉剂每亩30克，配合10%苯醚甲环唑水分散颗粒剂，兑水30千克，间隔10天重复喷施一次。（图15）

图15　秦艽锈病（魏莉霞 摄）

（2）叶斑病　叶斑病多在6～8月雨水多时发生，患病叶片出现棕褐色圆形或椭圆形病斑，严重时可致植株枯萎死亡。防治方法：清除病叶，集中烧毁；药物防治，在发病初期用硫酸铜：生石灰：水（重量比为1：1.5：150）的波尔多液，每10～15天喷1次，连喷3～4次；用10%代森锰锌800倍液喷施，每7～10天喷1次，连喷3～4次。

（3）斑枯病　斑枯病表现为叶片枯黄、萎蔫。主要危害叶片，后期花器也受害。叶片初生黄褐色至灰黄色小点，后逐渐扩大，呈近圆形、不规则形。长椭圆形病斑，上有稀疏轮纹，边缘呈棕褐色、深褐色。病部稍下陷，外缘常有宽窄不等的紫色晕圈。病斑多集中于叶片上半部位，叶尖和叶缘较为严重。后期病斑干枯，病斑中心呈灰白色至黄褐色，边缘呈灰褐色，表皮下生有很多黑色颗粒状物。成熟苗区、密度大的田块易出现，特别在高温多雨季节易发生。防治方法：合理密植，使植株间通风透光；清除杂草，减少病害感染；及时排出积水，松土散湿；发病季节用波尔多液或600倍代森锰锌每隔7～10天喷1次；发现病株，及时摘掉病叶或全株拔除，减少传染和病情扩大。

（4）蚜虫　蚜虫危害以花期最严重，用10%吡虫啉乳油2000倍液喷施，每7～10天喷一次，连喷3～4次。育苗期小地老虎用丙溴磷灌根防治。另外，蛴螬、金针虫等地下害虫对根也有危害，可用拜得800倍液在整地前喷在土壤中。

五、采收加工

秦艽在移栽2～3年后，即可收获。一般在9月下旬至入冬前当植株茎叶枯萎后采挖。采挖时将植株地上部分和根一起挖出，尽量保持根部完整。挖出后抖去泥土，除去茎叶，摊开自然晾晒至软时，堆置成堆，盖上麻袋或在室内“发汗”1～2天，至内色呈黄色或灰黄色时，再摊开晒至全干。注意在“发汗”时，要翻动，不可让秦艽发霉变黑。（图16）

六、药典标准

（一）性状

本品呈类圆柱形，上粗下细，扭曲不直，长 10～30厘米，直径1～3厘米。表面黄棕色或灰黄色，有纵向或扭曲的纵皱纹，顶端有残存茎基及纤维状叶鞘。质硬而脆，易折断，断面略显油性，皮部黄色或棕黄色，木部黄色，气特异，味苦、微涩。（图17）

图16　采收（魏莉霞 摄）

图17　秦艽药材（魏莉霞 摄）

（二）检查

1. 水分

不得过9.0%。

2. 总灰分

不得过8.0%。

3. 酸不溶性灰分

不得过3.0%。

（三）浸出物

照醇溶性浸出物测定法项下的热浸法测定，用乙醇作溶剂，不得少于24.0%。

七、仓储运输

（一）仓储

药材仓储要求符合NY/T 1056—2006《绿色食品 贮藏运输准则》的规定。仓库应具有防虫、防鼠、防鸟的功能；要定期清理、消毒和通风换气，保持洁净卫生；不应与非绿色食品混放；不应和有毒、有害、有异味、易污染物品同库存放；在保管期间如果水分超过14%、包装袋打开、没有及时封口、包装物破碎等，则会导致秦艽吸收空气中的水分，发生返潮、生虫等现象。

（二）运输

运输车辆的卫生合格，温度在16～20℃，湿度不高于30%，具备防暑、防晒、防雨、防潮、防火等设备，符合装卸要求；进行批量运输时不应与其他有毒、有害、易串味物质混装。

八、药材规格等级

一等：干货。呈圆锥形或圆柱形，有纵向皱纹，主根粗大似鸡腿、萝卜、牛尾状。表面灰黄色或棕色。质坚而脆。断面棕红色或棕黄色，中心土黄色。气特殊，味苦涩。芦下直径1.8厘米以上。无芦头、须根、杂质、虫蛀、霉变。

二等：干货。呈圆锥形或圆柱形，有纵向皱纹，主根粗大似鸡腿、萝卜、牛尾状。表面灰黄色或黄棕色。质坚而脆。断面棕红色或棕黄色，中心土黄色。气特殊，味苦涩。芦下直径1.8厘米以下，最小不低于0.6厘米。无芦头、须根、杂质、虫蛀、霉变。

九、药用食用价值

（一）药用价值

秦艽祛风除湿，活血舒筋，清热利尿，治风湿痹痛，筋骨拘挛，黄疸，便血，骨蒸潮热，小儿疳热，小便不利，是治疗风湿关节痛、结核病、潮热、黄疸等症的主药之一。还可治疗头痛、牙痛、流行性脑脊髓膜炎等。

（二）牲畜饲料

秦艽有促进胃液分泌及帮助消化等功能。通过添加秦艽秸秆到羊饲料，羊吃了后胃口增加，抵抗力增加，整个冬季羊抗病能力加强。养殖户即联合种植户，将秦艽种植养殖相结合，饲养出更加健康更加绿色环保的“秦艽羊”。

参考文献

[1] 国家药典委员会．中华人民共和国药典[S]．2020年版一部．北京：中国医药科技出版社，2020，282.

[2] 魏莉霞，漆燕玲，龚成文，等．秦艽工厂化育苗与大田移栽技术研究初报[J]．中国农学通报，2007，12（23）：194–197.

[3] 赵玮，漆燕玲，李玉萍，等．秦艽人工驯化技术研究[J]．中国中药杂志，2006，31（7）：600.

[4] 潘发明，魏莉霞，郝生燕，等．中草药饲料添加剂在反刍动物养殖生产中的应用浅析[J]．甘肃农业科技，2018，（7）：77–80.

（魏莉霞）

chai hu
柴胡

本品为伞形科植物柴胡*Bupleurum chinense* DC.或狭叶柴胡*Bupleurum scorzonerifolium* Willd.的干燥根。按性状不同，分别习称北柴胡、南柴胡。

一、植物特征

柴胡

多年生草本植物，高40～90厘米。根直生，主根圆柱形或长圆柱形，黑褐色或棕褐色，有支根，根茎圆柱形，黑褐色，具横皱纹；茎直立，丛生，上部弯曲，多分枝；叶互生，叶条形，先端渐尖，最终呈短芒状，全缘，正面绿色，背面淡绿色；复伞形花序，腋生兼顶生，花小，黄色；双悬果，长圆状椭圆形，左右扁平，长3毫米左右，淡棕褐色。花期7月下旬～9月上旬，果期8月中旬～10月上旬。（图1，图2）

图1　柴胡（连中学 摄）

图2　柴胡根

二、资源分布概况

柴胡分布于我国东北、华北、西北、华东、华中各地，其中栽培品主产于甘肃、山西、陕西。另外，黑龙江、内蒙古、吉林、河南、河北、四川也有种植。

三、生长习性

柴胡对气候适应性较强，分布较广，耐寒，喜温暖，怕水涝，是喜光、喜温植物，生长发育期间需要充足的光照条件，光照不足，生育期会延长，选择地块时，以阳光充足地块为好，柴胡喜在疏松肥沃、排水良好的沙质壤土中生长，药材质量好、产量高，对土壤酸碱度要求不严，宜选择地势平坦，灌溉方便，排水良好，有机质含量高的疏松肥沃壤土、沙质壤土地块。盐碱地、低洼地、黏重土壤田块不宜种植。为防止病虫害，最好选择前茬为豆科、禾本科作物地块。（图3）

图3　柴胡生境（连中学 摄）

四、栽培技术

（一）选用良种

选用良种能够发挥良种丰产性好、抗逆性强、品质优等特点，降低生产成本，增加生产效益。柴胡生产宜选用陇柴1号、中柴1号、中柴3号等良种，在试验、示范的基础上，积极选用和推广柴胡良种。（图4）

（二）种子处理

当年采收的种子，秋播时一般不经处理即有较高出苗率。春播时可将种子用20～30℃的温水浸泡24小时，中间更换一次水，或用40～50℃的温水浸泡8～12小时。用水浸种可以去除漂浮水上的瘪粒、杂质等，提高种子净度。用0.1%高锰酸钾溶液浸种可以起到杀菌作用，湿沙层积法能够提高种子发芽率。

图4 柴胡种子（连中学 摄）

（三）合理选地整地

柴胡从播种到采收需2年，第一年为营养生长，第二年开花结果，采收药材。柴胡可与小麦、燕麦、蚕豆、油菜等作物套种，这些作物一是可为柴胡种子发芽遮阴保墒，提高柴胡出苗率，二是可提高土地利用率，增加土地收益。结合套种作物，尽量选择向阳，地势平坦、灌溉方便、排水良好、土质疏松肥沃地块，前茬禾本科、豆科作物地块为种植地，深翻25～30厘米，每亩施腐熟农家肥2500～3000千克，结合套种作物需肥规律，亩施磷酸氢二铵15～20千克、尿素8～10千克，套种作物播种后，耙耱整平，将2千克柴胡种子与细土或细沙充分混合后撒于地表。（图5）

柴胡单种时，将选好、耙耱平整的地块播前再浅耕1次，春播宜在3月下旬至4月上旬播种。最好秋播，在8月下旬至9月上中旬播种，按行距20～25厘米，深度2厘米开沟。播种时将种子拌入2～3倍量细土或细湿沙（握之成团，松之散开），可使种子撒播均匀，播后覆土1.5厘米左右，稍镇压，每亩种子用量2千克，无论春播、秋播，播种后要用麦草、草帘等覆盖，除保湿外，还能防止土壤干燥结板，幼苗即将出土时，揭去草帘。

图5　套种（连中学 摄）

（四）浇水保墒

柴胡播种出苗到苗齐需10～15天，旱地与其他作物套种柴胡，出苗需90～100天。有灌溉条件的，播种后到出苗，视土壤墒情，应及时浇水，保持土壤湿润，防止因干旱造成烧芽（幼苗因缺水干瘪死亡），灌溉时间应选在清晨气温较低时进行，苗齐后适当控制水量，避免徒长。

（五）除草间苗

柴胡幼苗生长缓慢，各种杂草生长较快，应及时松土除草。当柴胡株高5～6厘米时按株距3～4厘米，及时间苗、定苗，缺苗处应选在阴天移栽补苗。（图6）

图6　除草间苗（连中学 摄）

（六）追肥

柴胡为多年生草本，要施足底肥，适时追肥。5月下旬（与其他作物套种的在第二年），每亩追施尿素5～8千克，促进发育。6～8月是植株生长旺盛期，雨天过后及时松土，增加土壤透气性，注意排水，防止烂根和病害发生。其间用浓度为0.3%～0.5%磷酸二氢钾进行2～3次叶面喷肥，或用1%～2%的磷、钾肥水溶液进行根部浇灌。当年抽茎的植株在孕蕾期将其割去，促进根的生长发育。第2年返青前每亩撒施1000千克左右腐熟有机肥。6月下旬至7月中旬，以磷、钾肥为主叶面喷肥，促进根生长和营养物质积累，提高药材产量质量。（图7）

图7　柴胡大田（连中学 摄）

（七）病虫害防治

柴胡病害主要有斑枯病、锈病、根腐病，虫害有蚜虫等。斑枯病主要危害叶片，叶片病斑近圆形或圆形，边缘较深，上面生有黑色小点，严重时叶片病斑连成一片而枯死，影响生长。锈病主要危害茎叶。根腐病，俗称烂根。防治措施包括农业防治和化学防治。

1. 斑枯病防治

农业防治：植株枯萎后进行清园，对病残体、枯枝落叶运出田园，焚烧或深埋；多施有机肥，合理平衡施用化肥，合理灌水，大雨后及时排水。

药剂防治：发病前用1：1：160波尔多液预防，发病后用40%代森锌1000倍液或50%多菌灵600倍液，每隔7～10天喷1次，连喷2～3次。

2. 锈病防治

农业防治：收获后将残株病叶清除烧毁，减少越冬菌源。

化学防治：早发现，早防治，发病初期用20%三唑酮乳油80毫升，或15%粉锈宁可湿性粉剂每亩0.08千克兑水喷雾防治，或用80%代森锰锌可湿性粉剂1：800～1：600倍液，喷雾防治。

3. 根腐病防治

农业防治：注意轮作倒茬，雨季及时排涝。

土壤处理：发现病株连根拔除，并用生石灰对病穴消毒；整地时用65%代森锰锌可湿性粉剂500倍液喷洒，处理土壤。

药剂防治：发病初期用50%甲基硫菌灵可湿性粉剂500倍液喷洒或灌根，或用50%多菌灵可湿性粉剂500倍液配成药土撒在茎基部。

4. 蚜虫防治

柴胡主要虫害有蚜虫，危害茎梢，常密集成堆吸食茎叶内部汁液。用10%吡虫啉可湿性粉剂2000倍液，或25%吡蚜酮可湿性粉剂2000倍液喷雾防治。

（八）留种采种

柴胡留种田要稀植，第一年加强水肥管理，培育壮苗，第二年花期注意水肥管理，适当增施磷肥、钾肥。严格去杂去劣，去除弱株、病残株和与种植品种特征特性不一致植株，留健壮、无病虫，2～3年生植株，疏去末花期花的柴胡留种，种子千粒重在0.8克左右，有较高种子发芽率。当85%种子由青色转入黄褐色或褐色时收获，人工或机械脱粒，去除杂质，晾晒干，选用通气良好的布袋或细网袋包装，置于阴凉通风处。（图8）

图8　柴胡留种田（连中学 摄）

五、采收加工

1. 采收

栽培柴胡生长2年即可采收，在种子成熟或地上部分枯萎时采收。土壤松软的地块可从地上部拔出，地块板结较硬的，可先割除地上部分，然后采挖，也可同茎叶一同采挖。采挖避免断根，挖出的根，抖净泥土，从根冠处剪去茎秆，晾晒至干燥为止。外观形状应质地坚实、洁净、无芦头残存。（图9）

图9　采收（连中学 摄）

2. 加工

鲜根剪去茎叶，洗净泥土，晾至表面无水分后，趁鲜切片，然后晾干或烘干，烘干时温度控制在60～70℃。

六、药典标准

（一）性状

北柴胡

本品呈圆柱形或长圆锥形，长6～15厘米，直径0.3～0.8厘米，根头膨大，顶端残留3～15个茎基或纤维状叶基，下部分枝。表面黑褐色或浅棕色，具纵皱纹、支根痕及皮

孔。质硬而韧，不易折断，断面显纤维性，皮部浅棕色，木部黄白色。气微香，味微苦。（图10）

图10 北柴胡药材（连中学 摄）

（二）检查

1. 水分

不得过10.0%。

2. 总灰分

不得过8.0%。

3. 酸不溶性灰分

不得过3.0%。

（三）浸出物

照醇溶性浸出物测定法项下的热浸法测定，用乙醇作溶剂，不得少于11.0%。

七、药材规格等级

统货　药材为柴胡干燥根，类圆锥形，略弯曲，头部膨大，有残留苗茎，表面土棕色或红褐色，有纵纹及须根痕，断面淡棕色。微有香气，味辛、微苦。残留茎长不超过1.5厘米，无杂质、霉变、虫蛀。

八、仓储运输

（一）仓储

药材入库前应详细检查有无虫蛀、发霉等，发现有问题及时进行处理，库房要经常保持干燥、通风，注意外界温度和湿度变化，及时采取有效措施进行调节，柴胡贮藏适宜温度控制在28℃以下，相对湿度控制在75%以下。

（二）运输

运输工具要清洁、干燥、无异味、无污染，运输中要防潮、防雨淋、防暴晒、防污染，严禁与可能污染药材的货物混装运输。

九、药用价值

（一）临床应用

1. 疏风退热

用于风热感冒、咽疼，常与桑叶、菊花同用。

2. 和解少阳

用于少阳证，治疗寒热往来、口苦、心烦喜呕、不思饮食等，处方如小柴胡汤。

3. 疏肝解郁

用于肝气郁滞的各种症状，如头晕目眩、两肋隐痛、月经不调、痛经等，常配以补脾调肝、和血调经的当归、白术等同用，如逍遥散。肝胃不和，可用柴胡配白芍、甘草、枳壳等。

另外，柴胡可升举阳气，治疗传染病及急、慢性胆囊炎，胆石症、胆道蛔虫病、肝炎、急性胰腺炎和急性胆道感染、心血管病、肾脏疾病等。

（二）其他

1. 柴胡白术炖乌龟

材料：乌龟1只，柴胡9克，桃仁10克，白术15克，白花蛇舌草30克。

制法：将乌龟洗净，其他药物煎汤去渣，入乌龟肉炖熟，食龟肉，饮汤，每2～3天一剂。

作用：常食，可作为鼻咽癌的辅助治疗。

2. 柴胡疏肝糖浆

材料：柴胡、白芍、香附子、枳壳、生麦芽各30克，甘草、川芎各10克，白糖250克。

制法：将上述材料加水2000毫升，煮汁去渣，取汁1500毫升，加白糖250克，制成糖浆，每次服30克，每日2次，服完再配，保持新鲜。

作用：疏肝解郁，理气和中，健胃消食，适用于慢性肝炎、肝郁气滞等。

参考文献

[1] 中国科学院植物研究所．中国植物志[M]．北京：科学出版社，2004.

[2] 国家药典委员会．中华人民共和国药典[S]．2020年版一部．北京：中国医药科技出版社，2020：293

[3] 闫敬来，滕训辉，黄璐琦，柴胡生产加工适宜技术[M]．北京：中国医药出版社，2017.

[4] 杨艳芳，付尧，魏建和，等．不同含水量对柴胡种子生活力的影响[J]．种子，2009（28）：41–45.
[5] 王瑞娟，王辉，晋小军，等．甘肃中部柴胡适宜采收期研究[J]．甘肃农业科技，2018，1：54–58.
[6] 宫喜臣．北方主要药用植物种植技术[M]．北京：金盾出版社，2001.
[7] 徐昭玺．中草药种植技术指南[M]．2001．北京：中国农业出版社，2000.
[8] 朱田田．甘肃道地中药实用栽培技术[M]．2001．兰州：甘肃科学技术出版社，2016.
[9] 黄兆胜．中华养生药膳大全[M]．广州：广东旅游出版社，2006.

（连中学）

dang shen 党参

本品为桔梗科植物党参*Codonopsis pilosula*（Franch.）Nannf.的干燥根。

一、植物特征

多年生草本植物，株高1～2米。具纺锤状或圆柱形主根，较少分枝或中部以下略有分枝，白色，稍带淡黄色，有乳汁。茎缠绕，直径2～4毫米，有多数分枝，侧枝长15～50厘米，小枝长1～5厘米，具叶，不育或先端着花，黄绿色或黄白色，无毛。叶在主茎及侧枝上的互生，在小枝上的近于对生，叶柄长0.5～2.5厘米，有疏短刺毛，叶片卵形或狭卵形，长1.0～6.5厘米，宽0.8～5.0厘米，端钝或微尖，基部近于心形，边缘具波状钝锯齿，分枝上叶片渐趋狭窄，叶基圆形或楔形，正面绿色，背面灰绿色，两面疏或密被贴伏长硬毛或柔毛，少为无毛。花单生于枝端，与叶柄互生或近于对生，有梗。花萼贴生至子房中部，筒部半球状，裂片宽披针形或狭矩圆形，长1～2厘米，宽6～8毫米，顶端钝或微尖，微波状或近于全缘，其间弯缺尖狭；花冠上位，阔钟状，长1.8～2.3厘米，直径1.8～2.5厘米，黄绿色，内面有明显紫斑，浅裂，裂片正三角形，端尖，全缘；花丝基部微扩大，长约5毫米，花药长形，长5～6毫米；柱头有白色刺毛。蒴果下部半球状，上部短圆锥状。种子多数，卵形，无翼，细小，棕黄色，光滑无毛。花果期7～10月。（图1）

图1　党参（王惠珍 摄）

二、资源分布概况

党参主要分布于我国西藏东南部、四川西部、云南西北部、甘肃东部、陕西南部、宁夏、青海东部、河南、山西、河北、内蒙古等省区及东北地区。朝鲜、蒙古和西伯利亚地区也有分布。生于海拔1560～3100米的山地林边及灌丛中。

党参最初主产区在山西长治，称为潞党，在20世纪60年代，引种到甘肃并迅速发展，被称为白条党，现在白条党产量占全国总产量的90%。长治地区种植面积已经很少。2003年以来，甘肃党参种植发展较快，现种植面积达1.3万公顷。国内销售以白条党为主，占销量的85%，年销量约3万吨。

三、生长习性

党参适应性较强，喜温和凉爽气候，耐寒，不同生长期对水分、温度、光照的要求不同。种子萌发的适宜温度为18～20℃，播种后缺水不易出苗，出苗后缺水可大批死亡。幼苗喜阴，成株喜光，能耐受33℃的高温，也可在-30℃条件下安全越冬。适宜在土层深厚、排水良好、土质疏松而富含腐殖质的砂质壤土栽培。

四、栽培技术

（一）种植材料

党参种植分直播和育苗移栽两种，但以育苗移栽为主。无论是直播还是育苗移栽，均以生长健壮、无病虫害、生长整齐一致植株的成熟种子作为种植材料。

（二）选地与整地

1. 选地

（1）育苗地　应选土层深厚、排水良好，保水、保肥能力强的半坡地。不宜选前茬杂草多、地下害虫和鼠害严重的地块。

（2）移栽地　丘陵坡地或地势较高的平地，以生荒地或与禾本科作物轮作3年以上的地为宜，土壤应选择土层深厚、肥沃、疏松、排水良好的砂质壤土或腐殖质壤土，pH值中性至微酸性。

2. 整地

（1）育苗地　要精耕细耙，使土壤细碎疏松。有条件的每亩施400～500千克腐熟堆肥和草木灰，或每亩施50千克磷酸氢二铵或复合肥作基肥，以后不再施肥。第二年春季将地整细耙平，春分前后按宽130～170厘米做成高畦。

（2）移栽地　前茬作物收获后深翻30厘米，施入磷酸氢二铵300千克/公顷，或尿素250千克/公顷和过磷酸钙550千克/公顷。随翻地施入腐熟羊粪、猪粪等优质农家肥40吨/公顷。

（三）播种或移栽

党参播种分直播和育苗移栽两种，直播是在“霜降”至“立冬”之间播种，种子不需要处理。但此种方法不常用，在这里主要介绍育苗移栽法。

1. 育苗

一般在春夏两季均可，但以春季为主。春播在3月下旬至4月上旬，秋播在9月中旬至

10月上旬。播种前先用40～45℃的温水浸泡种子，边搅拌边放种子，待水温降至不烫手为止。再浸泡5分钟。然后，将种子装入纱布袋内，再水洗数次，置于砂堆上，每隔3～4小时用15℃温水淋一次，经过5～6天，种子裂口时即可播种。也可将布袋内的种子置于40℃水洗，保持湿润，4～5天种子萌动时，即可播种。

将种子拌入草木灰，均匀播于高畦上，条播和撒播均可。条播亩用种量1.5～2.0千克，撒播亩用种量2.0～2.5千克。播后覆盖1层薄土，以盖住种子为度，然后用麦草或马粪等覆盖，覆草厚度为2～3厘米，覆粪土厚度约1～2厘米，这样有利于保湿和防止日晒。播后要注意适当浇水，经常保持土壤湿润，以利于种子发芽出苗。出苗后要精细管理，适当施稀薄的人畜粪水提苗。苗高5～7厘米时要除草间苗，每隔2厘米留苗1株，以后见草就除。（图3，图4）

图3　撒播（王惠珍　摄）

图4　条播（王惠珍　摄）

2. 种苗栽植

栽植前先将腐烂、发霉、苗体有病斑虫伤、割伤、擦伤、折断的苗栽剔除，也要把根茎粗1毫米以下难以快速生长的特小种苗剔除，选用健壮、无病虫感染、无机械损伤、表面光滑、苗子质地柔软、直径2～4毫米，苗长15厘米以上，百苗鲜重40～80克的为最佳移栽材料。栽植通常沟栽（行栽），按行距18厘米，深25厘米开沟，按3～4厘米株距大中小苗相间摆入种苗，苗头低于地面2厘米，覆土2厘米。需苗栽600～675千克/公顷。（图5～图8）

图5　种苗田（杜弢 摄）

图6　育苗地除草（杜弢 摄）

图7　种苗（王惠珍 摄）

图8　移栽（董生健 摄）

（四）田间管理

1. 间苗定苗

直播的于春季苗高5～7厘米即可间苗，每隔3～5厘米留1株，如有缺苗或死苗要及时补栽。补苗可用小竹棍插入土中，扎个小孔，将苗放入，覆土压紧即可。

2. 中耕除草

直播与育苗、移栽的均应结合间苗与补苗进行拔草，因为苗小不能中耕。移栽的在苗长至5～7厘米高时，可在行间浅锄杂草，大约7月中下旬，参苗封行，停止中耕，杂草用手拔除，但应注意杂草根系过大而带出参苗。（图9）

图9 除草（杜弢 摄）

3. 追肥

春季除草后施入人粪尿加适量尿素提苗，秋季亩施磷酸氢二铵或复合肥50千克，结合中耕培土翻入土中。

4. 设立支柱

党参蔓茎较长，若任其生长，则藤叶重叠，阻碍阳光透射，空气不流通，不但影响光合作用，降低产量，而且容易感染病害。因此，在有材料的地区，当苗高30厘米左右时，用竹子或小树条作支柱，彼此稍有交错地插在行间，使党参蔓茎缠绕其上；无材料的地方，也要有计划地留一些植株高大的草本植物作天然支柱，供蔓茎攀缘。

5. 摘花打尖

党参属于缠绕且无限生长的植物，可以在适当高时将顶端剪除，甚至可以将多余的花苞摘除，以利药材产量和种子质量的提高。

（五）病虫害防治

1. 锈病

发病初期，用65%代森锰锌500倍液、20%萎锈凝乳剂200倍液或15%粉锈宁可湿性粉剂500～800倍液喷雾，阴雨天5～7天防治1次，晴天7～10天防治1次，连续防治3～4次，药剂交替使用有较好的防治效果。

2. 根腐病

田间发病后用65%代森锰锌500倍液或1：1：200波尔多液喷施或灌根，阴雨天5～7天防治1次，晴天7～10天防治1次，连续防治3～4次。

3. 蚜虫

可用50%辛迪乳油2000倍液或25%吡虫啉悬浮剂800～1000倍液进行喷雾防治，每隔5～7天喷1次，连喷多次，直至将蚜虫杀灭为止。

4. 地老虎

将红糖、醋、白酒、水按3：3：1：10的比例制成糖醋液，然后加入总量0.1%的80%敌敌畏乳油，用其诱杀地老虎虫源；或春播翻犁地时，用4.5%敌百虫15.0～22.5千克/公顷均匀撒在翻犁土中，以杀灭越冬地老虎幼虫；播种时，将50%辛硫磷乳油500克加适量水稀释，喷洒在12.5～15.0千克细土上，拌匀，即成毒土，将其撒入穴（沟）内，可预防地老虎类咬食党参幼芽；出苗后，可将毒土撒施在党参苗四周，以触杀夜间出土危害的地老虎幼虫；在党参苗床上用50%辛硫磷乳油1000倍液或50%倍硫磷乳油2000倍液喷雾。

五、采收加工

（一）采收

1. 采收期

移栽1～2年后即可采收，具体时间为植株地上部分枯萎后，即10月下旬至11月上中旬。

2. 田间清理

采挖前将党参地上部分运回后收获种子。其他杂草等集中运出种植地烧毁或深埋。

3. 采挖

党参一般采用开沟移栽技术，因此在采挖时按行用五齿钉耙等农用工具往下挖，深度30～35厘米，小心挖起根部，切勿损伤，以免影响质量。然后抖落泥土，收集后装入清洁竹筐内或透气编织袋中。（图10，图11）

图10　采挖（董生健 摄）

图11　收集（董生健 摄）

4. 分级和干燥

采挖后的党参药材运回后，按粗细大小分级晾晒，至全干。一般折干率为30%～50%，亩产干货150～300千克。（图12）

图12　分级（董生健 摄）

（二）加工

党参药材一般采用手或木板揉搓，使皮肉贴紧，饱满柔软，然后从芦头处用棉线绳串成0.5～1.0千克的串，悬挂在房檐或木架上晾晒。待干燥后小心折叠后置于阴凉通风处贮藏。（图13）

图13　晾晒（董生健 摄）

六、药典标准

（一）性状

本品呈长圆柱形，稍弯曲，长10～35厘米，直径0.4～2.0厘米。表面灰黄色、黄棕色至灰棕色，根头部有多数疣状突起的茎痕及芽，每个茎痕的顶端呈凹下的圆点状；根头下有致密的环状横纹，向下渐稀疏，有的达全长的一半，栽培品环状横纹少或无；全体有纵皱纹和散在的横长皮孔样突起，支根断落处常有黑褐色胶状物。质稍柔软或稍硬而略带韧性，断面稍平坦，有裂隙或放射状纹理，皮部淡棕黄色至黄棕色，木部淡黄色至黄色。有特殊香气，味微甜。（图14）

图14　党参药材（陈红刚 摄）

（二）鉴别

木栓细胞数列至10数列，外侧有石细胞，单个或成群。栓内层狭窄。韧皮部宽广，外侧常现裂隙，散有淡黄色乳管群，并常与筛管群交互排列。形成层成环。木质部导管单个散在或数个相聚，呈放射状排列。薄壁细胞含菊糖。

（三）检查

1. 水分

不得过16.0%。

2. 总灰分

不得过5.0%。

3. 二氧化硫残留量

不得过400毫克/千克。

（四）浸出物

不得少于55.0%（照醇溶性浸出物测定法项下的热浸法测定，用45%乙醇作溶剂）。

七、药材规格等级

一等：干货。呈圆锥形，头大尾小，上端多横纹，外皮粗松，表面黄色或灰褐色。断面黄白色，有放射状纹理。糖质多，味甜。芦头下直径1.5厘米以上，无油条、杂质、虫蛀、霉变。

二等：干货。呈圆锥形，头大尾小，上端多横纹，外皮粗松，表明黄色或灰褐色。断面黄白色，有放射状纹理。糖质多，味甜。芦头下直径1.0厘米以上，无油条、杂质、虫蛀、霉变。

三等：干货。呈圆锥形，头大尾小，上端多横纹，外皮粗松，表面黄色或灰褐色。断面黄白色，有放射状纹理。糖质多，味甜。芦头下直径0.6厘米以上，油条不超过15%，无杂质、虫蛀、霉变。

干货见图15。

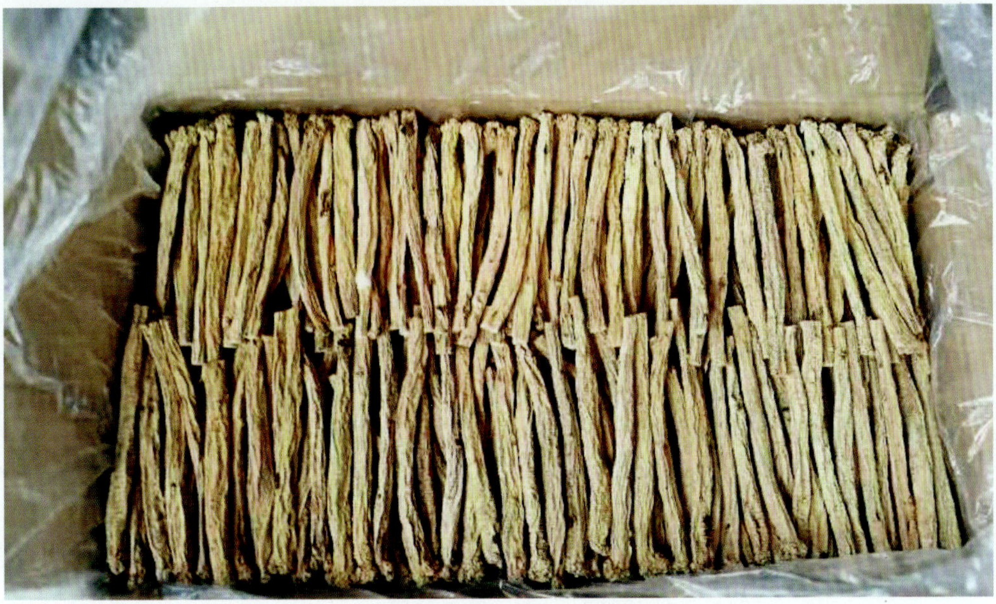

图15　干货（董生健 摄）

八、仓储运输

（一）仓储

药材仓储要求符合NY/T 1056—2006《绿色食品 贮藏运输准则》的规定。仓库应具有防虫、防鼠等功能；要定期清理、消毒和通风换气，保持洁净卫生；不应与非绿色食品混放；不应和有毒、有害、有异味、易污染物品同库存放；在保管期间如果水分超过16%、包装袋打开、没有及时封口、包装物破碎等，会导致党参吸收空气中的水分，发生返潮、生虫等现象，必须采取相应的措施（如定期翻开晾晒）。另外，党参糖分含量高，在贮藏期间还会出现成分从支根断落处流出的情况，应定期熏制，堵塞断落孔。（图16）

（二）运输

运输车辆的卫生应合格，温度在16～20℃，湿度不高于30%，具备防暑防晒、防雨、防潮、防火等设备，符合装卸要求；进行批量运输时不应与其他有毒、有害、易串味物质混装。

图16　储存（王惠珍 摄）

九、药用食用价值

（一）临床应用

1. 代替部分方剂中的人参

用于补中益气，生津养血，因其甘平而不燥不腻，故有补脾肺气和养血生津之效果，但其药效较人参弱，且不能持久，故在临床上需加大剂量，但对于气虚欲脱等急救方剂中的人参，则不宜用党参代替。临床上常用于治疗脾肺虚弱，气血两亏，体倦无力，久泄或脱肛，以增强患者机体抗病能力，此外亦常用于治疗缺铁性、营养性贫血等。临床上治疗方剂常用的有四君子汤、八珍汤、十全大补丸等。

2. 防治冠心病

党参液具有以下作用：降低排血前期左室排血时间比值，增强左心功能，抑制血小板黏附和聚集，抑制血栓素B_2合成而不影响6-Keto-PGFla的合成。提示本品为较理想的防治冠心病的中药。

3. 治疗高脂血症

党参、玉竹各12.5克，粉碎、混匀，制成4个蜜丸，每次2丸，每日2次，连服45天为1疗程。用于治疗高脂血症。

4. 治疗低血压病

党参、黄精各30克，炙甘草10克，每日1剂。治疗贫血性、感染性、直立性、原因不明性低血压。

5. 预防急性高山反应

党参乙醇提取物制成糖衣片，每次5片，每日2次，连服5天。对减轻轻度高山反应急性期症状、稳定机体内环境、改善血液循环、加快对高原低氧环境的早期适应过程均有良好作用，能提高机体对缺氧环境的适应性。

（二）食疗与保健价值

1. 参芪精

功效：对于人体的补益效果非常明显，服用后可以补脾益肺，升阳举陷。适用于肺气虚弱、气短而喘、头晕心悸；脾气虚弱、食少便溏、脏器下垂等症状。

原料：党参250克、黄芪250克、白糖500克。

做法：将党参、黄芪洗净，以清水浸渍12小时，再加水适量，煎煮30分钟，取药液。药渣加水再煎，共煎煮3 次，合并药液。将此合并的药液用文火煎熬至黏稠时停火。待浓缩液冷却后，加入白糖吸进药液，混合均匀，晒干、压碎，装入玻璃瓶里。每次服10克，1日2 次，用沸水冲化服。

2. 参杞酒

功效：可以益气补血、宁心安神。适用于心脾两虚、心悸失眠、夜寐多梦、食欲不振、肢体倦怠等。但是参杞酒不可以过量的饮用，饮用宜适量。

原料：党参15克、枸杞子15克、米酒500毫升。

做法：将党参、枸杞子洗净，干燥后研为粗末，放入细口瓶内，加入米酒，密封瓶口，每日振摇一次，浸泡7 天以上，每次服15毫升，早晚各1次。

3. 参米茶

功效：口感清纯，经常饮用可以补脾养胃、益气滋阴，适用于脾胃虚弱、食欲不振、胃脘隐痛等。

原料：30克党参，100克粟米。

做法：将党参、粟米分别淘洗干净，党参干燥后研碎，粟米炒熟，同置于砂锅内。加入清水1000毫升，浸渍1小时，煎煮20分钟停火，沉淀后倒入保温瓶内，代茶饮用。

4. 党参乌鸡汤

功效：这道药膳可以补气固表，同时补中和胃，对于气虚者有一定的敛汗作用，对于产后虚胖多汗的妇女以及体弱的老人尤其适用。

原料：干党参10克，母乌鸡半只，干山药10克，沙参10克，干香菇3枚，大枣2枚，生姜少许。

做法：乌鸡先在沸水中除去血沫，与上述其他原料文火炖2小时即可。每周食用1～2次。

5. 党参熟地瘦肉汤

功效：具有补益气血的功效。

原料：党参15克，枸杞15克，熟地15克，陈皮5克，瘦肉250克。

做法：瘦肉洗净切块，与洗净的党参、枸杞子、熟地、陈皮一起放入砂锅，加适量清水，大火煮沸，撇去浮沫，再用小火熬煮1～1.5小时，调入食盐即成。

参考文献

[1] 国家药典委员会. 中华人民共和国药典[S]. 2020年版一部. 北京:中国医药科技出版社，2020：293.

[2] 马雪梅，吴朝峰. 药用植物党参的研究进展[J]. 安徽农业科学，2009,(15)：6981-6983，6993.

[3] 国家医药管理局，中华人民共和国卫生部. 七十六种药材商品规格标准[S]. 1984.

（王惠珍）

黄芩

huang qin

本品为唇形科植物黄芩*Scutellaria baicalensis* Georgi的干燥根。

一、植物特征

多年生草本植物，高30～50厘米。主根粗壮，略呈圆锥形，有分枝，棕褐色。茎四棱形，基部多分枝。单叶对生，具短柄，叶披针形，全缘。总状花絮顶生，花偏生于花序一边，花唇形，蓝紫色，偶见白色和红色。小坚果近球形，黑色，包围于宿萼中。花期7～9月，果期8～10月。（图1）

图1　黄芩（安世伟 摄）

二、资源分布概况

黄芩野生资源广泛分布于我国长江以北大部分地区，主要分布在我国温带与中温带的干旱半干旱地区，如内蒙古、黑龙江、甘肃、吉林、辽宁、河北、山西、陕西、山东、河南等地。栽培黄芩资源在我国北方各省均有分布，但以山西、河北、甘肃、山东、内蒙古等地栽培面积较大，形成了多个典型代表性主产区。

三、生长习性

黄芩野生资源分布于山地阳坡、草坡、林缘、路边等地。喜温暖气候，耐严寒，地下根可忍受-30℃低温，耐旱。对土壤要求不严，一般土壤就可种植，但以壤土和沙质壤土为好。黄芩怕涝，排水不良的地块不宜种植。忌连作。

四、栽培技术

（一）选地与整地

1. 选地

应选择土层深厚、地势平坦、土质疏松，透水透气性良好的黄绵土、黑垆土、黑麻垆土。大田生产可在排水良好的川水地、旱台地、坡地种植。以前茬未种植唇形科作物或与禾本科作物轮作3年以上的土地为宜，土壤pH7.5～8.2。

2. 整地

前茬作物收获后及时整地，旱地一般翻两次，最后一次以秋季为好，一般耕深30厘米以上。结合翻地施入基肥，每亩施农家肥4000千克左右，磷酸氢二铵20千克左右。然后耙细整平。春季翻地要注意土壤保墒。

（二）种植材料

黄芩种苗多为农户自育，要选择苗龄达到1年以上，种苗根茎长度>10厘米，横径>2毫米的合格苗移植。（图2，表1）

图2　种苗分级（姚彦斌 摄）

表1　种苗的分级标准

分级标准	规格	
	长度（厘米）	横径（毫米）
一级	＞15	＞5
二级	10～15	3～5
三级	8～10	<3
种苗根茎长度＜8厘米，横径＜2毫米为不合格苗		

（三）种苗处理

为防止种苗异地带虫传播，有效减少种苗虫源和移栽地的虫源，避免和减轻蛴螬、地老虎等害虫危害，移栽前必须对种苗进行药剂处理。方法：种苗集中喷施40%辛硫磷乳剂800～1000倍液，用塑料薄膜覆盖放置1～2天后进行移栽。

（四）移栽技术

1. 移栽时间

大田移栽的最佳适宜时间为3月下旬至4月中旬，在适宜移栽期内应适当早栽。

2. 测土配方施肥

按照有机与无机相结合，基肥和追肥相结合的原则，实行测土配方施肥。基肥：结合整地每亩撒施优质有机肥（腐熟厩肥）3000～5000千克，纯氮4～6千克，五氧化二磷10千克，氧化钾4～6千克，深翻入土。

3. 栽植方法

移栽：选择健壮，头稍完整，根条均匀的优质黄芩苗。行距15厘米，株距10厘米，每亩栽植量为中等幼苗40～50千克。

定植方法：开沟，沟深15厘米左右，然后将苗按株距斜摆在沟壁上，倾斜度为45度，按行距重复开沟摆苗，并用后排开沟土壤覆盖前排药苗，苗头覆土厚度2～3厘米。为了保墒，要求边开沟、边摆苗、边覆土、边耙耱。也可用犁开沟移栽，行距与铁锨开沟的相同，犁开的沟较浅，药苗可头尾相接平放在沟中。（图3）

图3　黄芩移栽（郭强强 摄）

（五）田间管理

1. 中耕除草

苗出齐后即可除草松土。一般除草不少于2次。（图4）

图4　黄芩生产大田（任续伟 摄）

2. 追肥

一般结合降雨进行。主要追施无机肥，一般追肥2次，时间6～8月，每亩每次追施尿素5千克。

3. 摘蕾

摘蕾可防止地上部分徒长，如不收种子则割去花枝，减少养分的消耗，促使根部生长，提高产量。具体操作视田间长势随时进行，一般在6月份黄芩现蕾初期摘除花蕾。

4. 采种

黄芩花期长达3个月，种子成熟期不一致，又易脱落，故需随熟随采，最后连果枝割下，晒干打下种子，去净杂质备用。

（六）病虫害防治

1. 白粉病

发病初期可用20%三唑酮乳油1500倍液，或75%多菌灵可湿性粉剂1000倍液，或12.5%腈菌唑乳油1000倍液，田间喷雾防治，每隔10～14天喷1次，连喷2～3次，采收前40天内禁止用药。

2. 灰霉病

发病初期可用2%抗霉菌素（农抗120）水剂200倍液，或50%乙烯菌核利（农利宁）可湿性粉剂1000～1500倍液，或50%异菌脲可湿性粉剂1000倍液+65%甲霜灵可湿性粉剂1500倍液田间喷雾防治，用药液量750～90千克/公顷，每隔10～14天喷1次，连喷2～3次，采收前40天内禁止用药。

3. 黄芩蚜虫

蚜虫多附着于叶片背面及嫩茎处，淡绿色、褐绿色或黑绿色。5～8月是发生期，局部黄芩植株受害较重。要根据田间蚜虫发生与监测情况进行防治。防治措施：施用10%大功臣可湿性粉剂1000倍液，或50%抗蚜威可湿性粉剂1000倍液田间喷雾防治，每隔10～14天喷1次，连喷2～3次，采收前40天内禁止用药。

4. 蛴螬

蛴螬在地下直接咬断黄芩幼苗根部，地上部分叶片枯萎，最后致使植株死亡。防治方法：必须贯彻预防为主，综合防治的植保方法，药剂防治与农业防治相结合，因地制宜地开展综合防治。①翻耕整地，减少越冬虫量。②施用腐熟的厩肥、堆肥，施后覆土，减少成虫产卵量。③土壤处理，用50%辛硫磷1千克拌毒土撒入田间，翻入土中。

五、采收加工

（一）采收

1. 采收时间

移栽种植的黄芩宜当年或第二年采收，采收时间为10月下旬至11月上旬，土壤冻结前全部挖完。

2. 采收方法

采挖时先用镰刀割去地上部分枯萎茎蔓，然后用铁钗从地边开挖深沟，深挖30厘米左右，将黄芩挖出，尽量保全根，严防伤皮断根。

黄芩堆放应选择地势高、干燥、硬实且有防潮处理的平台，置地面晾晒。按根直径粗细分类，分别装袋。堆前应全面清理，以防止杂草、杂质和有毒物质混入。雨雪天及时用防雨布遮盖。

（二）加工

1. 初选

采收后，除去残茎、须根，去掉泥土，捋直，置通风干燥处晾干，应避免在强光下暴晒，因暴晒过度会使黄芩变红，同时还要注意防止被雨淋湿，防止黄芩根变黑。晾至柔而不断即可捆把，依据直径大小和长短分级，剪切修整，扎成小捆保管。以根条粗长、质坚硬、色黄、除净外皮者为佳。（图5）

2. 药材的分级标准

特级（特大）：单根长度20～25厘米，根径1.5厘米以上。

甲级（一等）：单根长度15～20厘米，根径1.0厘米以上。

乙级（二等）：单根长度10～15厘米，根径0.5厘米以上。

丙级（三等）：单根长度10厘米以下，根径0.5厘米以下。

图5 初选（王鑫 摄）

六、药典标准

（一）性状

本品呈圆锥形，扭曲，长8～25厘米，直径1～3厘米。表面棕黄色或深黄色，有稀疏的疣状细根痕，上部较粗糙，有扭曲的纵皱纹或不规则的网纹，下部有顺纹和细皱纹。质硬而脆，易折断，断面黄色，中心红棕色；老根中心呈枯朽状或中空，暗棕色或棕黑色。气微，味苦。

栽培品较细长，多有分枝。表面浅黄棕色，外皮紧贴，纵皱纹较细腻。断面黄色或浅黄色，略呈角质样。味微苦。

黄芩药材见图6。

（二）鉴别

1. 横切面

木栓层为2～4列类方形细胞。栓内层薄，仅数列薄壁细胞，切向延长。韧皮部窄，射

图6　黄芩药材（张玉云 摄）

线宽广。形成层成环。木质部占根的大部分，导管稀疏排列成放射状，初生木质部3～4原型。薄壁细胞充满淀粉粒，有的薄壁细胞中可见草酸钙簇晶。

2. 粉末特征

本品粉末黄色。韧皮纤维单个散在或数个成束，梭形，长60～250微米，直径9～33微米，壁厚，孔沟细。石细胞类圆形、类方形或长方形，壁较厚或甚厚。木栓细胞棕黄色，多角形。网纹导管多见，直径24～72微米。木纤维多碎断，直径约12微米，有稀疏斜纹孔。淀粉粒甚多，单粒类球形，直径2～10微米，脐点明显，复粒由2～3粒组成。

（三）检查

1. 水分

不得过12.0%。

2. 总灰分

不得过6.0%。

（四）浸出物

照醇溶性浸出物测定法项下的热浸法测定，用稀乙醇作溶剂，不得少于40.0%。

七、药材规格等级

一等：干货。呈圆锥形，上部皮较粗糙，有明显的网纹及扭曲的纵皱。下部皮细有顺纹或皱纹。表面黄色或黄棕色。质坚、脆。断面深黄色，上端中央间有黄绿色或棕褐色的枯心。气微，味苦。条长10厘米以上，中部直径1厘米以上。去净粗皮，无杂质、无虫蛀、无霉变。

二等：干货。呈圆锥形，上部皮较粗糙，有明显的网纹及扭曲的纵皱。下部皮细有顺纹或皱纹。表面黄色或黄棕色，质坚、脆。断面深黄色，上端中央间有黄绿色或棕褐色的枯心。气微，味苦。条长4厘米以上，中部直径1厘米以下，但不小于0.4厘米。去净粗皮，无杂质、无虫蛀、无霉变。

统货：干货。即老根多中空的枯芩和块片碎芩及破碎尾芩。表面黄色或浅黄色。质坚、脆。断面黄色。气微，味苦。无粗皮、无茎芦、无碎渣、无杂质、无虫蛀、无霉变。

八、包装贮藏

（一）包装

按级称重扎成捆，每捆25千克，误差控制在±100克内，然后装箱封口打包，箱外相应部位盖印等级、采收时间、生产日期、含水量。

（二）贮藏

黄芩药材产品，要贮于干燥、通风良好的专用贮藏库，室内相对湿度应控制在70%以内，室内温度不超过25℃。在贮存的1～2年内不使用任何保鲜剂和防腐剂。贮藏期间要勤检查、勤翻动、常通风，以防药材发霉和虫蛀。

九、药用食用价值

（一）临床应用

1. 治疗小儿急性呼吸道感染

用50%黄芩煎液口服。治后体温3天内恢复正常，症状消失多为4天。

2. 治疗慢性气管炎

取黄芩500克，甘草250克，加水煎煮，得煎液1.5千克；另取生石灰500克，加冷开水5千克，搅拌浸泡静置24小时，取上清液4千克。将煎液缓缓加入石灰水中，边加边搅拌，至pH7～8为止。每次20～25毫升，每日服3次。对单纯型疗效较好。

3. 治疗急性菌痢

取黄芩、诃子等量，以明矾沉淀法提制成粉。每次3克，日服4次，小儿酌减。对症治疗：失水者补液，高热者配合解热剂。

4. 治疗钩端螺旋体病

取黄芩、金银花、连翘等量，分别制成黄芩素及金银花、连翘浸膏，混合制成片剂，每片重0.5克，相当于生药3.7克。每次10～15片，6小时服1次，小儿酌减。对中、轻度病人疗效较好，退热较快；对重度晚期病人退热较慢，疗效较差。

5. 治疗传染性肝炎

将黄芩的提取物（黄芩素）装胶囊，每粒0.25克。每次2粒，日服3次，儿童酌减。

6. 治疗肾炎、肾盂肾炎

用黄芩提取物制成5%黄芩素注射液，每次肌内注射100～200毫克（儿童减半），每日2次。黄芩治疗肾病所以奏效，可能与其具有抗菌、降血压、利水等作用有关。

7. 治疗高血压病

将黄芩制成20%的酊剂，每次5～10毫升，日服3次。本药虽经较长时期服用，仍能发挥继续降压作用。无明显副作用。

8. 用于湿温发热、胸闷、口渴不欲饮，以及湿热泻痢、黄疸等症

对湿温发热，与滑石、白蔻仁、茯苓等配合应用；对湿热泻痢、腹痛，与白芍、葛根、甘草等同用；对于湿热蕴结所致的黄疸，可与茵陈、栀子、淡竹叶等同用。

9. 用于热病高热烦渴，或肺热咳嗽，或热盛迫血外溢以及热毒疮疡等

治热病高热，常与黄连、栀子等配伍；治肺热咳嗽，可与知母、桑白皮等同用；治血热妄行，可与生地、牡丹皮、侧柏叶等同用；对热毒疮疡，可与金银花、连翘等药同用。

10. 清热安胎

可用于胎动不安，常与白术、竹茹等配合应用。

（二）食疗

黄芩在民间广泛用于膳食原料，常用于特色菜肴的原料。

1. 黄芩炖猪腰

以黄芩和猪腰为主料而制成的一道营养丰富且有治病功效的食物。做法：将猪腰洗净去腰臊切片，放在清水中浸泡30分钟，然后每片再切成三片，与黄芩一起放进陶瓷罐隔水旺火清炖至猪腰煮熟，吃猪腰喝汤。

2. 柴胡黄芩粥

做法：①大米洗净；细辛洗净；柴胡、黄芩洗净后煎取汁液备用；葱洗净，切成葱花。②锅置火上，倒入药汁和少许清水，放入大米，以大火煮至米粒开花，再加入枸杞和细辛，转小火熬煮。③待粥煮至浓稠状，调入盐拌匀，再撒上葱花即可。

3. 黄芩花生米

花生仁500克，黄芩200克，冰糖250克。花生米去皮，上笼蒸烂；黄芩切成小片用碗装上，上笼蒸溶化：锅内放入清水1000克，入冰糖烧开溶化，将花生米滗去水分，和黄芩汁一起倒入，烧开后撇去泡沫即成。本食疗方对多种出血性疾病有良好的止血功效。

（三）其他

黄芩根茶功效：降脂降压、安神助眠、润肺去火等。黄芩花：泡茶喝，有清热祛湿、利尿解毒、降压等功效。均可直接冲泡饮用。

黄芩泡酒可治疗复发性口疮，也可解毒止痛。治疗口疮时用棉签蘸取少许，进行涂抹，每日3～4次即可。

参考文献

国家药典委员会．中华人民共和国药典[S]．2020年版一部．北京：中国医药科技出版社，2020：314.

（张玉云）

huang qi
黄芪

本品为豆科植物膜荚黄芪*Astragalus membranaceus*（Fisch.）Bge.和蒙古黄芪*Astragalus membranaceus*（Fisch.）Bge.var. *mongholicus*（Bge.）Hsiao的干燥根。

一、植物特征

1．膜荚黄芪

多年生草本植物，高50～100厘米。主根肥厚，木质，常分枝，灰白色。茎直立，上部多分枝，有细棱，被白色柔毛。羽状复叶有13～27片小叶，长5～10厘米；叶柄长0.5～1厘米；托叶离生，卵形，披针形或线状披针形，长4～10毫米，下面被白色柔毛或近无毛；小叶椭圆形或长圆状卵形，长7～30毫米，宽3～12毫米，先端钝圆或微凹，具小尖头或不明显，基部圆形，上面绿色，近无毛，下面被伏贴白色柔毛。总状花序稍密，有10～20朵花；总花梗与叶近等长或较长，至果期显著伸长；苞片线状披针形，长2～5毫米，背面被白色柔毛；花梗长3～4毫米，连同花序轴稍密被棕色或黑色柔毛；小苞片2；花萼钟状，长5～7毫米，外面被白色或黑色柔毛，有时萼筒近于无毛，仅萼齿有毛，萼齿短，三角形至钻形，长仅为萼筒的1/5～1/4；花冠黄色或淡黄色，旗瓣倒卵形，长12～20毫米，顶端微凹，基部具短瓣柄，翼瓣较旗瓣稍短，瓣片长圆形，基部具短耳，瓣柄较瓣片长约1.5倍，龙骨瓣与翼瓣近等长，瓣片半卵形，瓣柄较瓣片稍长；子房有柄，被细柔毛。荚果薄膜质，稍膨胀，半椭圆形，长20～30毫米，宽8～12毫米，顶端具刺尖，两面被白色或黑色细短柔毛，果颈超出萼外；种子3～8颗。花期6～8月，果期7～9月。（图1）

2. 蒙古黄芪

植株较膜荚黄芪矮小，小叶亦较小，长5～10毫米，宽3～5毫米，荚果无毛。（图2）

二、资源分布概况

黄芪主产于我国东北、华北及西北。生于林缘、灌丛或疏林下，亦见于山坡草地或草甸中，全国各地多有栽培，为常用中药材之一。蒙古黄芪主产于内蒙古、山西、甘肃和黑龙江；膜荚黄芪主要分布于我国东北、华北地区及甘肃、四川、西藏等地。《中国药典》2020年版一部规定膜荚黄芪和蒙古黄芪均为正品使用，甘肃省定西市是黄芪的主要产区，陇西县被中国农学会命名为“中国黄芪之乡”。

三、生长习性

黄芪为深根性植物，喜凉爽气候，抗旱、抗寒能力强，忌高温、怕积水，宜在土层深厚、疏松肥沃、排水良好的砂质土壤栽培，过于黏重的土壤对根系生长不利，极易导致主根短、侧根多，形成鸡爪根，甚至根系腐烂。幼苗期需水量较多，长大后抗旱能力逐渐增强。种皮较坚硬，吸水性差，种子萌发不宜高温，发芽适温15～20℃。忌重茬，不宜与大豆、蚕豆等豆科作物连作。重盐碱地、涝洼地不宜种植。

图1　膜荚黄芪（陈红刚 摄）

图2　蒙古黄芪（陈红刚 摄）

四、栽培技术

（一）育苗

1. 选地整地

选择土质疏松肥沃、土层深厚、排灌方便的壤土和黑土进行育苗，要求坡度小于20°，前茬以油菜、马铃薯、玉米及麦类作物为宜，避免与大豆、蚕豆等豆科作物连作或套种。

育苗前，深翻耕地25厘米以上，结合翻地，每亩一次施入农家肥2500千克，配合施用化肥（尿素10千克，磷酸氢二铵30～40千克，硫酸钾2～3千克）或黄芪专用肥20～30千克作基肥，有条件可亩施沼液500千克或沼渣200千克以上，或施用腐熟的油渣50千克，耙耱整平，根据地势做畦，畦面宽1.2～1.5米，畦间距25～30厘米，畦高10～15厘米，要求畦面平整。

2. 播种

（1）播期　海拔2300米以上地区土壤解冻迟，4月底5月初为最佳播种期，海拔2300米以下地区，早春土壤解冻较早，失墒快，可以适当提早在3月下旬到4月上旬播种。

（2）种子处理　选择干净、粒大、饱满、无病虫害、有光泽的种子进行处理，种子处理方法如下。（图3）

图3　种子（陈红刚 摄）

砂磨法　以细砂与种子2：1～4：1混合，置于研钵中均匀研磨，使种皮釉质层起毛刺，表面失去光泽，种皮颜色由棕黑色变为灰棕色或土黄色，但勿使种子研磨过度而损伤种仁，可带砂下种。

硫酸处理　用浓硫酸处理老熟硬实黄芪种子，发芽率达90%以上，比不处理的提高50%左右。方法是每克种子用90%硫酸5毫升，在30℃的温度条件下，处理2分钟，随后用清水冲洗干净后即可播种。

烫种处理　将种子放入90℃左右的水中，快速均匀搅拌1～2分钟后，立即调整水温至40～50℃，浸泡2～3小时，然后将种子取出装入麻袋中焖12小时，待种子露白时播种。

（3）播种方式　可采用撒播、条播或覆膜穴孔育苗的方式。

撒播　直接将种子撒在平畦上，覆土1～2厘米，耙平，再覆盖秸秆或蛭石2厘米左右，用于遮阴保湿，每亩用种量7～8千克。

条播　按照行距15～20厘米开沟，沟深3～5厘米，将种子撒于沟内，覆土耙平，再覆盖秸秆或蛭石2厘米左右，用于遮阴保湿，每亩用种量5～6千克。

覆膜穴孔育苗　按畦高10～15厘米，畦宽1.0～1.2米做畦，覆黑膜，穴孔直径6厘米，每亩播种量10千克。

苗期管理　出苗后要及时除草，减少杂草争肥争水。立秋后，随雨每亩施入7.5千克的尿素，但施肥量不能太大，以防出现伤苗现象，雨季注意排水，防止根部腐烂。

4. 起苗

起苗分为秋季起苗和春季起苗两种方式，秋季起苗要将种苗采挖后贮藏到次年春季移栽，春季起苗则是让种苗在大田自然越冬，次年春天边挖边移栽。

起苗时应深挖，严防损伤根皮或折断黄芪根，淘汰细小、自然分岔苗，已挖出的种苗应注意防冻，在地面封冻前，捆扎成把，上面覆一层15～20厘米厚的土，以防冻伤，冬天要加强管理，以防牲畜危害。

（二）移栽

1. 选地整地

平地栽培应选择地势高、排水良好、疏松而肥沃的砂壤土，山区应选择土层深厚、排水好、背风向阳的山坡或荒地种植，前茬作物以油菜、马铃薯、玉米及麦类作物为宜，轮作年限3年以上。

移栽前15天整地，一般深翻30～40厘米，结合整地每亩一次施入农家肥2500千克，配合施用化肥（尿素10千克，磷酸氢二铵30～40千克，硫酸钾2～3千克）或黄芪专用肥20～30千克作基肥，有条件可亩施沼液500千克或沼渣200千克以上，或施用腐熟的油渣50千克，耙耱整平，注意土壤保墒，及时移栽。

2. 移栽

（1）移栽时间　可选择秋季（10 月中下旬）移栽或春季（4月上中旬）移栽，秋季移栽后次年发苗较快，但要避免秋季封冻时和春季土壤未完全解冻时移栽，否则将导致黄芪生长过慢，药材产量低的现象。

（2）种苗选择　移栽时对种苗进行筛选，选用无病斑、无霉烂、无机械损伤、分叉少，长度25厘米以上，横径5毫米以上，大小均匀、有芽头的优质种苗。（图4）

图4　优质黄芪种苗（陈红刚 摄）

（3）种苗移栽　在整好的地面上开沟，行距20～30厘米，沟深10厘米，把黄芪种苗按顺序平放在沟内，每棵黄芪苗头相距18～22厘米，要求每行黄芪苗头方向一致，覆土耙平，镇压。植苗量每亩1.5万株，也可用黄芪移栽机进行种苗移栽。

（4）特色栽培技术

黄芪覆膜露头栽培技术　以种苗长度为基础，确定地膜宽度和垄宽，膜宽和垄宽一般为苗长的2倍左右，在地面上按株距10～12厘米，行距25～30厘米开互对种植沟，沟深10厘米，垄距30厘米，密度1.2万株～1.5万株，每亩种苗用量85千克左右。将黄芪苗子尾对尾平放在种植沟内，覆土5厘米后再将地膜平铺，苗头部露出地膜边外2厘米，顺行取土压紧压实地膜两边和种苗头部，自然形成高5厘米的垄面，每隔3米左右压土腰带以防大风揭膜。（图5）

仿野生栽培技术　依靠自然肥力来满足黄芪生长发育对土壤养分的需要，按等高线整地，自下而上进行，开垦黄芪坡，挖掉其他植物，整地后用当地种子进行条播，不施肥水，对病虫害和鼠害进行合理的综合防治，种植5～6年后统一采收。

图5　田间种植（蔡子平　摄）

（三）田间管理

1. 水肥管理

黄芪在移栽初期及现蕾期需水较多，有条件的地方在这两个时期应及时灌水，灌溉时以灌匀、灌透为宜，严防田内积水，以防烂根，其他生育期一般不浇水，雨季时还应注意排水。

在黄芪初花期、结荚期进行叶面追肥，每亩喷施磷酸二氢钾150克，也可在5月上旬追施硫酸铵，每亩5～15千克，6月上旬追施尿素，每亩7～10千克，7月上旬追施过磷酸钙每亩50千克。

2. 中耕除草

在黄芪成药期要求中耕除草3次，第一次在5月中旬进行浅锄，第二次在6月中旬进行，要求锄深锄透，为封垄打好基础，第三次在7月中旬进行，要求浅锄、细锄，后期出现杂草应及时清除。

3. 打顶疏花

黄芪成药期如果不作留种田，就要适当控制植株的高度，一般在6月份摘去花序的顶心或在开花期摘去花蕾，以减少养分消耗，促使根部生长，提高产量。

（四）病虫害防治

1. 白粉病

主要危害黄芪叶片，初期叶两面生白色粉状斑；严重时，整个叶片被一层白粉所覆盖，叶柄和茎部也有白粉。被害植株往往早期落叶，产量受损。（图6）

（1）农业防治　初冬，彻底清除田间病残体，减少初侵染源；施足底肥，氮、磷、钾比例适当，不可偏施氮肥，以免植株徒长；合理密植，以利通风透光。

（2）药剂防治　发病初期喷施62.25%腈菌唑·代森锰锌（仙生）可湿性粉剂1000倍液、20%三唑酮乳油2000倍液、12.5%速保利（烯唑醇）可湿性粉剂2000倍液、50%多菌灵磺酸盐可湿性粉剂800倍液或40%氟硅唑（福星）乳油4000倍液。

图6　黄芪白粉病（陈红刚 摄）

2. 根腐病

发病黄芪地上部枝叶发黄，植株萎蔫枯死，地下部主根顶端或侧根首先罹病，然后渐渐向上蔓延，受害根部表面粗糙，呈水渍状腐烂，其肉质部红褐色，严重时，整个根系发黑溃烂，极易从土中拔起，病害常于5月下旬到6月初开始发病，7月以后严重发生，常导致植株成片枯死。（图7）

图7　黄芪根腐病（陈红刚 摄）

（1）农业防治　彻底清除田间病残体，减少初侵染源；平整土地，防止低洼积水；实行3～5年以上轮作；合理密植，以利通风透光；采挖、移栽、中耕时尽量避免伤根；采挖时剔除病根、伤根；防治地下害虫，减少虫伤。

（2）土壤处理　用50%多菌灵可湿性粉剂按每亩2千克加细土30千克拌匀撒于地面、耙入土中，栽植时栽植沟（穴）也用此药土处理。

（3）药剂防治　栽植前一天用3%恶霉·甲霜（广枯灵）水剂700倍、50%多菌灵磺酸盐（溶菌灵）可湿性粉剂500倍液、20%清土（乙酸铜）可湿性粉剂900倍液蘸根10分钟，晾干后移栽，或用10%咯菌腈（适乐时）15毫升，加水1～2千克，喷洒根部至淋湿为止，晾干后移栽。发病初期用50%多菌灵或70%甲基硫菌灵可湿性粉剂1000倍液进行喷雾预防，每隔7天1次，连喷2～3次；根腐病发生后，用10%的石灰水或50%多菌灵可湿性粉剂1000倍液灌根防治。

3. 麻口病

“麻口病”是黄芪的主要病害，典型症状为黄芪根上有许多麻籽粒大小黑褐色的坑或洞（伤口愈合组织），坑（洞）的深度可达木质部，严重时小坑紧密相连，造成“麻点点”，破坏黄芪的根部组织，影响生长，降低产量及品质。（图8）

一般要对带病种苗进行消毒后再播种；防治方法同根腐病。

图8　黄芪麻口病（蔡子平 摄）

4. 锈病

被害叶面有黄色的病斑，后期布满全叶，最后叶片枯死。北方地区一般在4月下旬发生，7～8月严重。

防治方法：发病初期喷80%代森锰锌可湿性粉剂（1：800～1：600倍液）、敌锈钠或甲基硫菌灵500倍液，于5、6、7 月下旬各喷1 次，连喷3 次防病效果显著。

5. 虫害

黄芪虫害主要有蛴螬、地老虎和蚜虫等。可用浸苗（种苗处理部分）及撒毒饵的方法加以防治。先将饵料（麦麸、玉米碎粒）5千克炒香，然后用90%敌百虫30倍液0.15千克拌匀，适量加水，拌潮，撒在苗间，施用量为每亩2～3千克。蚜虫、跳甲等用10%吡虫啉可湿性粉剂2000倍液喷雾防治。有条件的可在田间安装杀虫灯诱杀成虫。高海拔地区虫害较少，蚜虫和黄芪种子小蜂可在盛花期及种子乳熟期各喷1次40%辛硫磷乳油1000倍液，以杀灭大量羽化的成虫；低海拔区虫害较多，可用40%辛硫磷乳油或80%敌敌畏乳油30～40毫升兑水30千克喷雾防治。（图9）

蛴螬

蚜虫

图9　黄芪虫害（陈红刚 摄）

6. 鼠害

中华鼢鼠又名原鼢鼠，俗称瞎瞎，瞎老鼠，发生普遍，危害严重。该鼠喜欢栖息于土层深厚、土质松软的土内，一般阴坡多于阳坡，喜食草根。中华鼢鼠的洞系较为复杂，以作用和层次顺序分别为草洞、常洞、朝天洞和老窝，草洞是取食时所挖掘的洞道，距地面5～10厘米，常洞比较固定，对黄芪根及土壤破坏严重。（图10）

防治方法：人工扑打；弓箭射杀；鼠夹扑杀；毒饵诱杀。

7. 特色防治

黄芪专用种衣剂对黄芪根腐病菌及腐生真菌具有抑制效果，处理的种子发芽率提高，根系活力和抗逆性增强，幼苗的壮苗指数提高，主根体积增大，地上生物量增加，有效成分含量增加。

图10　中华鼢鼠（陈红刚 摄）

五、采收加工

（一）采收

采收一般在秋季植株枯萎，地下部分停止生长，地表土冻结前进行，也可在翌年春季越冬芽尚未萌发前进行，但以秋季采挖为宜。采收时要深挖，不要伤根，防止挖断主根，影响药材产量与质量。（图11）

图11　采收（陈红刚 摄）

（二）产地加工

采收后，将挖出的根除去残茎、须根，去掉泥土，即行晾晒，避免强光曝晒而发红，晒至七八成干时剪去侧根及须根，依据直径大小，加工成规定的长度，捋直、捆把，放在通风的地方阴干，也可炕干。也可根据需要切成不同规格的饮片，晾干。（图12）

A. 揉搓　B. 除去残茎、须根　C. 晾干　D. 炕干　E. 长片　F. 斜片

图12　黄芪初加工（陈红刚 摄）

六、药典标准

（一）性状

本品呈圆柱形，有的有分枝，上端较粗，长30～90厘米，直径1.0～3.5厘米。表面淡

棕黄色或淡棕褐色，有不整齐的纵皱纹或纵沟。质硬而韧，不易折断，断面纤维性强，并显粉性，皮部黄白色，木部淡黄色，有放射状纹理和裂隙，老根中心偶呈枯朽状，黑褐色或呈空洞。气微，味微甜，嚼之微有豆腥味。（图13）

图13　黄芪药材（陈红刚 摄）

（二）鉴别

1. 横切面

木栓细胞多列；栓内层为3～5列厚角细胞。韧皮部射线外侧常弯曲，有裂隙；纤维成束，壁厚，木化或微木化，与筛管群交互排列；近栓内层处有时可见石细胞。形成层成环。木质部导管单个散在或2～3个相聚；导管间有木纤维；射线中有时可见单个或2～4个成群的石细 胞。薄壁细胞含淀粉粒。

2. 粉末特征

粉末黄白色。纤维成束或散离，直径8～30微米，壁厚，表面有纵裂纹，初生壁常与次生壁分离，两端常断裂成须状，或较平截。具缘纹孔导管无色或橙黄色，具缘纹孔排列紧密。石细胞少见，圆形、长圆形或形状不规则，壁较厚。

（三）检查

1. 水分

不得过10.0%。

2. 总灰分

不得过5.0%。

3. 重金属及有害元素

照铅、镉、砷、汞、铜测定法测定，铅不得过5毫克/千克；镉不得过1毫克/千克；砷不得过2毫克/千克；汞不得过0.2毫克/千克；铜不得过20毫克/千克。

4. 其他有机氯类农药残留量

照农药残留量测定法测定，五氯硝基苯不得过0.1毫克/千克。

（四）浸出物

照水溶性浸出物测定法项下的冷浸法测定，不得少于17.0%。

七、药材规格等级

商品以根条粗长，表面无疙瘩头或喇叭头，顶端间有空心，表面灰白色或淡褐色，质硬而韧，断面外层白色，中间淡黄色或黄色，有粉性，味甘，有生豆气味者为佳。（表1）

表1　黄芪商品分级规格

级别	分级标准
特等	圆柱形单条，无疙瘩头或喇叭头，顶端间有空心，表面灰白色或淡褐色，质硬而韧，断面外层白色，中部淡黄色或黄色，有粉性，味甘，有生豆气味。长70厘米以上，上中部直径2厘米以上，末端直径不小于0.6厘米。无根须、老皮、虫蛀、霉变
一等	圆柱形单条，无疙瘩头或喇叭头，顶端间有空心，表面灰白色或淡褐色，质硬而韧，断面外层白色，中部淡黄色或黄色，有粉性。味甘，有生豆气味。长50厘米以上，上中部直径1.5厘米以上，末端直径不小于0.5厘米。无根须、老皮、虫蛀、霉变
二等	圆柱形单条，无疙瘩头或喇叭头，顶端间有空心，表面灰白色或淡褐色，质硬而韧，断面外层白色，中部淡黄色或黄色，有粉性。味甘，有生豆气味。长40厘米以上，上中部直径1厘米以上，末端直径不小于0.4厘米。间有老皮，无根须、虫蛀、霉变
三等	圆柱形单条，无疙瘩头或喇叭头，顶端间有空心，表面灰白色或淡褐色，有粉性，味甘，有生豆气味。不分长短，上中部直径0.7厘米，末端直径不小于0.3厘米，间有破短节子，无根须、虫蛀、霉变

八、仓储

图14 黄芪仓储（陈红刚 摄）

黄芪药材要贮于干燥、通风良好的专用贮藏库，商品安全水分≤12.0%。贮藏期间要勤检查、勤翻动、常通风，以防发霉和虫蛀。若对黄芪长期储藏，应选择真空袋抽气包装储藏，储藏温度范围10～28℃，湿度范围40%～65%，库房宽度一般15米左右，高度一般5米左右，墙壁厚度不少于35厘米，保温库房中墙壁厚度应为50厘米或者加入保温板。

库中垛与垛间距不小于100厘米，货垛与墙的间距不小于50厘米，货垛与梁的间距不小于30厘米，货垛与柱的间距不小于30厘米，货垛与地面的间距不小于10厘米。库房内主要通道宽度不小于200厘米，库房水暖散热器、供暖管道与储存药品的距离不小于30厘米，照明灯具垂直下方不准堆放黄芪药材，其垂直下方与货垛的水平间距不小于50厘米。发现受潮时应及时晾晒。（图14）

九、药用食用价值

（一）药用价值

黄芪性甘，微温，归脾、肺经。具有补气升阳、益卫固表、利水消肿、托疮生肌之功效，主要有效成分是黄芪多糖、氨基酸、黄芪皂苷、黄酮类、生物碱、蛋白质、维生素及硒、硅、钴、钼等微量元素，能增强机体免疫功能，利尿，抗衰老，保肝，降压，能消除实验性肾炎尿蛋白，增强心肌收缩力，还有促雌激素样作用和较广泛的抗菌作用。临床上有抗病毒、抗感染、抗肿瘤、抗生物氧化等作用。

1. 治疗慢性腹泻

黄芪配党参、白术、山药治疗慢性腹泻。制黄芪30克，党参20克，白术15克，山药30克，茯苓10克，莲子10克，白扁豆10克，薏苡仁15克，桔梗10克，陈皮10克，砂仁6克（后下），肉豆蔻10克，制甘草6克。每日 1剂，水煎，分2次服。

2. 治疗水肿

黄芪配白术、防己、薏苡仁治疗水肿。黄芪30克，白术15克，防己15克，薏苡仁30克，茯苓10克，苍术10克，制甘草6克，厚朴10克，槟榔10克，焦神曲10克，桂枝10克。每日1剂，水煎，分2次服。

3. 治疗脑卒中后遗症

黄芪配当归、赤芍、川芎治疗脑卒中后遗症。生黄芪60克，当归15克，川芎15克，赤芍15克，桃仁10克，红花6克，地龙10克，天竺黄 10克，竹茹10克，石菖蒲10克。每日1剂，水煎，分2次服。

4. 治疗自汗

黄芪配白术、防风、煅牡蛎治疗自汗。制黄芪30克，白术15克，防风 10克，煅牡蛎30克，麻黄根10克，浮小麦20克。每日1剂，水煎，分2次服。

（二）食疗价值

2020年1月2日，国家卫生健康委、国家市场监督管理总局发布《关于对党参等9种物质开展按照传统既是食品又是中药材的物质管理试点工作的通知》，其中就包括黄芪。

1. 当归黄芪乌鸡汤

原料：乌鸡1只，当归25g，黄芪25g。

做法：将乌鸡洗净，放入沸水汆烫，捞起冲净；将乌鸡、当归、黄芪一起放入瓦汤锅内，加6碗水，大火煮开，转小火煮2小时左右；加少许盐调味即可。

功效：当归搭配黄芪能行气活血，调理气血两虚之症。此汤有促进血液循环，增强造血功能。陈士铎在《本草新编》中注：黄芪乃补气之圣药，然补血独效。盖气无形，血则有形。有形不能速生，必得无形之气以生之。黄芪用之于当归之中，自能助之以生血也。

2. 黄芪枸杞乳鸽

原料：黄芪和枸杞各30克，乳鸽1只，其他调料适量。

做法：将洗净的乳鸽放入沸水汆一会儿，捞出斩块放炖盅内，加入黄芪、枸杞，并将料酒、盐、味精、姜片、鸡清汤同放炖盅内，上笼蒸至肉熟烂，淋上酱油即可。

功效：具补气壮阳、固表止汗、解毒祛风之功。适用于中气虚弱、体倦乏力，表虚自汗及痈疽疮溃久不愈合之人食用。

3. 参芪大枣粥

原料：党参20克，黄芪15克，大枣10枚，大米100克。

做法：先水煎党参、黄芪。慢火煮40分钟后，去药渣留汁，入大米、大枣共煮成粥即可。每日1剂，分1～2次服食，7天为一疗程。

功效：本方以黄芪、党参补脾益气，用大枣协同奏效。用于脾虚气弱，体倦乏力，自汗，饮食减少，易于感冒，慢性胃炎病久体弱者。

4. 黄芪枸杞菊花茶

原料：枸杞30颗，黄芪10克，菊花30朵，冰糖3颗。

做法（简单）：将枸杞、黄芪、菊花放漏网中小心冲洗干净，放入茶壶中，加1000ml沸水冲开，盖上盖子焖10分钟后放入冰糖调味即可。

5. 黄芪红枣茶

红枣用温水泡发洗净后，去核（不去核会有些燥热，如果体质比较寒的也可以不去核），黄芪和红枣用清水浸泡20～30分钟，煮滚了以后转小火煮20分钟以上，代替茶水饮用即可。

功效：具有美容养颜的作用。

参考文献

[1] 中国科学院中国植物志编辑委员会. 中国植物志（第42卷）[M]. 北京：科学出版社，1993：131.

[2] 国家药典委员会. 中华人民共和国药典[S]. 2020年版一部. 北京：中国医药科技出版社，2020：315.

[3] 贾淑芹，冷际芹. 浅谈黄芪的配伍应用[J]. 江西中医学院学报，2000（1）：146-147.

[4] 周萍，周滢. 黄芪的不同配伍应用体会[J]. 中国实验方剂学杂志，2011（10）：275-277.

[5] 李爱萍. 黄芪临床配伍应用分析[J]. 现代中医药，2008（3）：52-53.

[6] 管青霞，李城德．陇西不同气候区域黄芪育苗模式筛选试验研究[J]．中药材，2016，39（3）：490–492.
[7] 米永伟，蔡子平，武伟国，等．播种量和方式对甘肃渭源蒙古黄芪育苗质量和产量的影响[J]．草业学报，2016，25（07）：196–202.
[8] 尚虎山，刘效瑞，王兴政．地面覆盖方式对黄芪育苗的影响[J]．甘肃农业科技，2013（10）：53–55.
[9] 王栋，李安平，王玉龙，等．蒙古黄芪种子质量分级标准研究[J]．中国现代中药，2014，16（9）：745–750+754.
[10] 蔡子平，王宏霞，王国祥，等．甘肃省蒙古黄芪种苗质量分级标准研究[J]．中兽医医药杂志，2018，37（04）：18–22.
[11] 张智勇．黄芪栽培管理方法[J]．特种经济动植物，2016，19（04）：37–39.
[12] 李有林，管青霞，姚彦斌．起垄覆膜栽培方式对蒙古黄芪的影响初报[J]．甘肃农业科技，2016（03）：39–42.
[13] 张彦军．黄芪露头栽培经济效益分析[J]．农业科技与信息，2016（14）：12.
[14] 陈永刚，张喜忠，王美君，等．黄芪覆膜露头栽培技术研究[J]．农业与技术，2014，34（7）：81，88.
[15] 代立兰，王嵛德，赵亚兰，等．旱地覆膜露头栽培对土壤水热及黄芪产量的影响[J]．中药材，2017，40（09）：1997–2001.
[16] 孟繁武．恒山半野生黄芪栽培技术[J]．农业技术与装备，2014（9）：45–48.
[17] 李建军，李继平，周天旺，等．黄芪根部病虫害药剂防治技术研究[J]．中国植保导刊，2014，34（02）：62–65.
[18] 张彩霞．黄芪常见病虫害防治技术[J]．农业技术与装备，2014（02）：40–41.
[19] 白彩霞．浑源县黄芪栽培技术与病虫害防治研究[J]．农业技术与装备，2017（4）：43–44.
[20] 史娟．宁夏中药材产区黄芪主要病虫草害种类及发生趋势[A]．中国植物病理学会．中国植物病理学会2016年学术年会论文集[C]．中国植物病理学会．2016：1.
[21] 王庭林，郭永旺，刘晓辉，等．山西省中华鼢鼠发生危害现状[J]．农业技术与装备，2015（7）：51–53.
[22] 秦雪梅，李爱平，李科，等．山西黄芪产业发展思考[J]．中国中药杂志，2016，41（24）：4670–4674.
[23] 王俊英，郭凤霞，陈垣，等．不同包装储藏法对黄芪品质和保质期的影响[J]．中国中药杂志，2009，34（16）：2031–2033.
[24] 牛倩芸，万燕晴，李震宇，等．不同商品等级黄芪质量评价研究[J]．中药材，2015，38（6）：1186–1190.

（陈红刚）

yin chai hu
银柴胡

本品为石竹科植物银柴胡*Stellaria dichotoma* L.var. *lanceolata* Bge.的干燥根。

一、植物特征

多年生草本植物。株高20～40厘米，主根圆柱形，直径1～3厘米，外皮淡黄色，顶端有许多疣状的残茎痕迹。茎直立，节明显，上部二叉状分歧。叶对生，茎下部叶较大，披针形，长4～30毫米，宽1.5～4毫米，全缘。花单生，白色；萼片5个，披针形，外具腺毛；花瓣5个；雄蕊10枚，稍长于花瓣；雌蕊1枚，子房上位，近于球形，花柱3个。蒴果近球形，成熟时顶端6齿裂。花期6～7月，果期8～9月。（图1）

图1　银柴胡（郭强强 摄）

二、资源分布概况

银柴胡主要分布在我国甘肃、内蒙古、宁夏、山西、陕西、西藏、新疆等地。

在这些分布地区中，宁夏回族自治区的银柴胡主要集中分布于灵武市、中卫市、盐池县、同心县等地，其中惠农区、平罗县的银柴胡分布较连片。内蒙古自治区的银柴胡目前主要集中分布于呼和浩特市、乌兰察布市及包头市、鄂尔多斯市、锡林郭勒盟，其中在锡林郭勒盟的东苏旗、巴颜乌拉及阿巴嘎旗等地，陕西省银柴胡目前主要集中分布于靖边、榆林、定边等地，连片分布性较差，大多数呈零星分布状态。

三、生长习性

银柴胡主要生长于海拔1200～1500米的荒漠型草原地带和沙漠型边缘的松沙土壤中，具有抗干旱和抗寒冷的特性，在干旱少雨，年蒸发量大的地方生长良好。银柴胡的生长区，年平均气温7.7～8.8℃，耐极端高温和寒冷，最高气温可达37.7℃，最低气温可达-30.3℃。喜阳，年日照时间达3000小时左右。极耐贫瘠，在生长区土壤有机质含量为0.2%～0.3%，全盐为0.079%的地方生长良好，其中土壤多为淡灰钙土，土质为松沙土。忌涝，地势低洼的盐碱地和黏重土壤不适宜种植银柴胡。

四、栽培技术

（一）种苗

用种子播种培育而成的一年生幼根，根长不小于20厘米，根径不小于2毫米。

（二）选地、整地 、施肥

银柴胡为耐干旱、耐贫瘠的深根性植物，宜选择地势较高、向阳，土层深厚、疏松、渗透性强、排水良好的砂壤土或砂质土。低洼积水、黏重板结、盐碱地不宜种植。忌连茬。前茬作物收获后，及时灭茬晒垡、深耕蓄墒，于秋季封冻前耙耱整地，春季整地要随耕翻随耙耱，并结合耕翻施基肥，翻地后及时耙平耱细。秋后深翻30厘米以上，灌足冬水，翌年播前施足底肥，深耙，耱平。耕翻整地时每亩施入充分腐熟的优质农家肥

2000～3000千克，或经过国家认证的精制有机肥每亩200～300千克。

（三）播种方法

播种方法有直播和育苗移栽两种。

1. 直播

开沟条播。4月上、中旬，月平均气温10.3℃，土壤含水率14%左右时，即可播种，当年能收获种子。土壤干旱时，可在5月上旬向田间灌水后，再行播种，以利全苗，但当年不结种子。为促进种子提早发芽，播前可用常温的清水浸种12小时左右（土壤干旱时不宜浸种），沥干水分，即可播下。按行距3.5厘米左右开沟，将种子拌以适量的细砂，均匀撒入沟内，覆土1～1.5厘米厚为宜，稍踩压。每亩用种子0.5千克。

2. 育苗移栽

春季土壤解冻后及时移栽，在3月下旬至4月上旬移栽为宜。移栽时选择生长健壮、均匀、头梢尾完整，条长无分叉，头部留有1～2个芽眼的合格种苗，按行距20厘米，开出15～20厘米深度的种沟，将种苗按4～5厘米的株距斜放于坡度小于45度的沟坡一侧，种苗头部距土壤平面2～3厘米，用开第二个沟的土将前一个沟覆盖。移栽时一定注意根头要深浅一致，根系要自然舒展。当种苗栽不完时进行种苗假植，用湿土掩埋为好，不能洒水。每亩保苗6.6万株～8.3万株。

（四）移栽

采用35厘米宽的地膜。在地块的第一行铲开一条10厘米左右深、35厘米左右宽的沟，此时沟的形状自然为梯形。将种苗按株距2～3厘米放入铲开的35厘米宽的沟中，苗头沿梯形沟的方向略朝上（种苗长的话，也可在35厘米宽的方向略倾斜放入，以便种苗展开）。然后，在铲开下一行沟的同时，把土覆入第一行摆好苗的沟中，使苗头露出地面1～2厘米。再将35厘米宽的地膜覆入第一行，使苗头露出地膜。放第二行种苗时，使苗头搭在前一行覆好地膜边缘1～2厘米左右部位。用土盖地膜边缘时，正好将露出膜面（或地面）1～2厘米的苗头覆盖。每亩保苗7.5万株～8.0万株。

（五）土壤消毒

银柴胡病虫害发生较严重的土壤，移栽前要进行土壤处理。使用二氧化氯消毒剂，兑水后随水灌溉即可。

（六）田间管理

1. 间苗、定苗、中耕除草

当株高7～8厘米时，按株距4～5厘米进行间苗；当株高10～12厘米时，按株距10～12厘米进行定苗。地上植株封垄前，及时中耕除草；当植株长高完全封垄覆盖地表后，则不需中耕除草。没有灌溉条件的旱地种植可参照上述操作，间苗、定苗可酌情掌握，过密者可适当结合除草间苗。（图2）

图2 中耕除草（郭强强 摄）

2. 施肥

每年5月至植株封垄前，追施尿素或氮、磷、钾复合肥1～2次，每次每亩10～20千克，施后立即灌水。

3. 排灌水

除结合追肥灌水外，在整个生长期不另行灌水，特别要注意田间不可积水。6月下旬至8月中旬，若特别干旱无雨，茎叶萎黄，可灌水1～2次（即大水流过，田间不留明水），每年秋末冬初要灌足冬水。如果生育期间遇大到暴雨要注意田间排水。

（七）病虫害防治

1. 根腐病（烂根病）

病原不详，暑天常因田间灌水过多或连续雨天，排水不良引起发病，发病时，叶片发黄，根腐烂发臭。防治方法：种苗用多菌灵可湿性粉剂拌湿细土制成药土假植一周进行移栽；选择排水良好的沙质壤土种植；发病初期用多菌灵可湿粉剂喷淋2～3次，每7天喷1次。选择透水性良好的土壤种植；控制灌水量，田间不留明水；要及时排出雨后田间积水。

2. 霜霉病

病原为真菌中的藻状菌（鹅不食霜霉菌）。主要危害叶片，发生不甚明显的黄棕色病斑，湿度大时，病斑叶背面有一层灰白色霉状物，叶片渐枯，主茎顶稍扭曲畸形，根部停止生长。每年5月开始发病，植株封垄，田间郁闭，温度高，病害常连片发生。

防治方法：初冬，彻底清除田间病残体，减少初侵染源。发病前或初期用代森锌可湿性粉剂或甲霜灵·锰锌可湿性粉剂，每7天喷1次，连续3～4次。

3. 蛴螬

蛴螬又名地蚕、胖头虫，属鞘翅目金龟子科。以幼虫为害，咬断根苗或咬食根部，造成田间缺苗断垄或根部空洞。

防治方法：施用腐熟的有机肥，忌用生粪；人工捕捉，每亩用70%辛硫磷1.5千克兑细土40千克进行土壤处理。

4. 地老虎

以幼虫为害。药用植物、牧草和林木苗圃的实生幼苗也常受害。多种杂草常为其重要寄主。可用90%晶体敌百虫800～1000倍液、50%辛硫磷乳油800倍液、50%杀螟硫磷1000～2000倍液、20%菊杀乳油1000～1500倍液、2.5%溴氰菊酯（敌杀死）乳油3000倍液喷雾。

5. 蝼蛄

施用充分腐熟的有机肥料，移栽时用辛硫磷兑细土进行土壤处理。

五、采收加工

（一）采收

1. 采种

9月下旬至10月上旬，植株地上部分开始枯黄，种子成熟（花果期6～9月，果实陆续成熟），于晨间有露水时割取地上部分，晒干，打下种子，除去未成熟种子。第2年每亩产种子10千克，以后每亩每年可产种子20～50千克。

2. 收根

种植后第3年9月上旬（白露前后）或第4年3月底至4月初，挖取根部。银柴胡为直根系，入土较深，鲜根质地较脆，易断，故采挖时须从田块的一侧顺行开沟，顺序向另一边挖掘。根挖起后，抖净泥土，运回晒场。

（二）加工

晒至六七成干时，趁柔软，理顺捆成小把，晒干即可。晾干过程要注意：银柴胡干品也较脆，为防止根梢折断，在将根的中部进行捆扎时，也应趁柔软时将根梢捆扎起来。晒干过程不得受冻，以免引起“曝皮”（即根皮曝起），影响质量。

六、药典标准

（一）性状

本品呈类圆柱形，偶有分枝，长15～40厘米，直径0.5～2.5厘米。表面浅棕黄色至浅棕色，有扭曲的纵皱纹和支根痕，多具孔穴状或盘状凹陷，习称“砂眼”，从砂眼处折断可见棕色裂隙中有细砂散出。根头部略膨大，有密集的呈疣状突起的芽苞、茎或根茎的残基，习称“珍珠盘”。质硬而脆，易折断，断面不平坦，较疏松，有裂隙，皮部甚薄，木部有黄、白色相间的放射状纹理。气微，味甘。（图3）

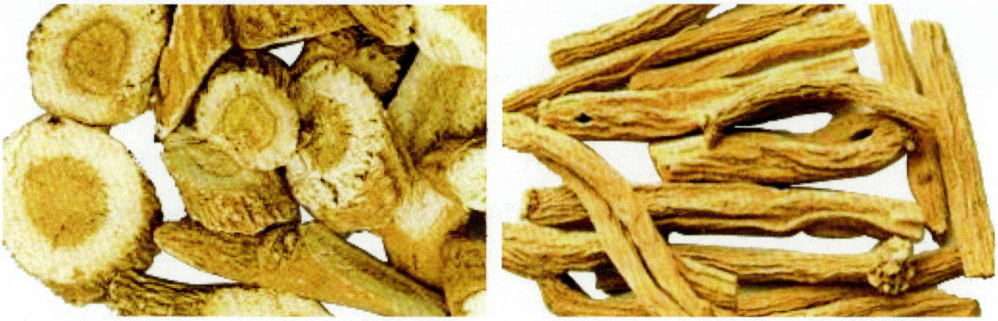

图3　药材（郭强强 摄）

（二）鉴别

横切面：木栓细胞数列至10余列。栓内层较窄。韧皮部筛管群明显。形成层成环。木质部发达。射线宽至10余列细胞。薄壁细胞含草酸钙砂晶，以射线细胞中为多见。

（三）检查

酸不溶性灰分　不得过5.0%。

（四）浸出物

照醇溶性浸出物测定法项下的冷浸法测定，用甲醇作溶剂，不得少于20.0%。

七、仓储运输

（一）仓储

药材仓储要求符合NY/T 1056—2006《绿色食品 贮藏运输准则》的规定。仓库应具有防虫、防鼠、防鸟的功能；要定期清理、消毒和通风换气，保持洁净卫生；不应与非绿色食品混放；不应和有毒、有害、有异味、易污染物品同库存放；在保管期间如果水分超过14%、包装袋打开、没有及时封口、包装物破碎等，导致药材吸收空气中的水分，发生返潮、结块、褐变、生虫等现象，必须采取相应的措施。

置通风干燥处，防蛀。

（二）运输

运输车辆的卫生合格，温度在16～20℃，湿度不高于30%，具备防暑防晒、防雨、防潮、防火等设备，符合装卸要求；进行批量运输时不应与其他有毒、有害、易串味物质混装。

八、药用价值

1. 解热作用

对于伤寒、副伤寒甲乙三联菌苗致热的家兔，银柴胡水煎醇沉液 5.4克/千克腹腔注射具有解热作用，且作用随生长年限增加而增强，生长年限在二年或二年以下的银柴胡无明显解热作用。

2. 抗菌作用

从银柴胡根部分离出的糠醇有抗菌作用。

3. 抗炎作用

α-菠甾醇有抗炎作用，考察其对小鼠角叉菜胶足肿胀的影响，发现野生与引种银柴胡的乙醚粗提物有明显抗炎作用。

4. 抗动脉粥样硬化作用

太平洋丝石竹内提取的三萜皂苷，给家兔在形成动脉粥样硬化的同时或以后每天内服，可降低血清胆甾醇浓度，使胆固醇/脑磷脂系数降低，并使主动脉类脂质含量降低。对于动脉硬化家兔所表现的兴奋、脱毛以及肢体皮下类脂质增厚等症状均有改善。有人认为皂苷可作用于血浆脂蛋白，阻止胆甾醇酯化及其在血管壁的沉积，也有人认为可以阻止胆甾醇从肠道吸收。

5. 杀精子作用

研究表明，锥花丝石竹皂素杀精子效果较好，1%水溶液在3.5分钟内即能杀死全部人精子，同时溶血指数较高，刺激性较小。

参考文献

[1] 国家药典委员会．中华人民共和国药典[S]．2020年版一部．北京：中国医药科技出版社，2020：330.

[2] 刘志新，王博妍，权洪峰．宁夏道地药材银柴胡种子生活力等指标的测定[J]．黑龙江医药．2010，23（5）：711–712.

[3] 尚博扬．宁夏栽培银柴胡质量分析的研究[J]．宁夏医学杂志，2012，34（5）：451–452.

[4] 刘晓龙，尚志钧．银州柴胡的原植物再讨论[J]．中药材，1994，17（9）：40.

[5] 范莉．银柴胡的化学成分研究及质量标准研究[D]．北京：北京中医药大学，2003.

[6] 李福厚．银柴胡栽培技术[J]．吉林农业，2011（8）：120–121.

（张玉云）

kuan dong hua 款冬花

本品为菊科植物款冬*Tussilago farfara* L. 的干燥花蕾。

一、植物特征

多年生草本植物，高10～25厘米，根状茎横生地下。白色，早春花叶抽出数个花葶，高5～10厘米，密被白色茸毛，有鳞片状互生的苞叶，苞叶淡紫色。头状花序单生顶端，初时直立，花后下垂，总苞钟状，结果时长15～18毫米。瘦果圆柱形，长3～4毫米，后生出基生叶阔心形，具长叶柄，叶片长3～12厘米，宽4～14厘米，边缘有波状的疏齿，掌状网脉，下面被白色茸毛，叶柄长5～15厘米，被白色棉毛。花蕾紫红色或紫色，状如花芽，通常贴近地面生长。花期2～3月，果期4～5月。（图1）

图1　款冬（连中学 摄）

二、资源分布概况

野生款冬分布于甘肃、陕西、山西、河南、河北、湖北、四川、重庆、宁夏、内蒙古、青海、云南、西藏、新疆等地。栽培款冬主要分布于甘肃、陕西、四川、山西、湖北、河南及重庆等地。

三、生长习性

款冬喜凉爽湿润、半阴半阳环境，耐严寒，较耐荫蔽，怕高温、干旱和水涝，地下茎可耐-25℃严寒，款冬地下茎一般在4～5℃时即可萌发，6～8℃时开始生长，生长适宜温度为15～25℃，若遇到高温干旱（温度超过35℃），茎叶就会出现萎蔫，甚至大量死亡，因此，款冬种植在海拔较高，降雨量较大，植被良好的高山半阴半阳坡地。款冬喜肥沃、疏松、湿润，富含有机质、排水良好的沙质土壤，忌连作，“一年种冬花，七年不重茬”。（图2）

图2　款冬生境（连中学 摄）

四、栽培技术

（一）地块选择

选择土壤肥沃，疏松潮湿，底层坚实的沙壤土。山地以东南向阳坡地最适宜生长，黏土土壤、低洼地不宜选用，避免雨季积水，引起烂根，前茬以禾本科、豆科为好，前作收获后，深翻20～25厘米以上，结合整地，每亩施入腐熟农家肥2500～3500千克、尿素20千克、过磷酸钙50千克，也可用尿素8～10千克，磷酸氢二铵15～20千克翻入土中做基肥，地下害虫较多时可用辛硫磷乳油等杀虫剂处理，耙耱平整。

（二）种苗准备和栽植

款冬花用根茎繁殖，每亩用根茎100千克左右。可春、秋两季栽种。春季栽种，根茎可选用上年采收款冬花蕾后的根茎，在空闲地中假植，或在室内、窖中用湿沙储藏，一层湿沙一层根茎，堆高30厘米左右；春季栽植在3月下旬至4月上旬，将上年采收假植或沙藏处理根茎挖出，或从春季耕翻上年款冬地中采收。选择粗壮多毛、色白、无病虫害的根状茎做种茎。先剪成6～9厘米长小段，每段带2～3个芽。在种植地中用犁按30～40厘米行距开沟，沟深10厘米，10～15厘米放一种茎，栽后耙平耱细。也可在整好的畦面上进行穴栽，栽种前，做成宽60～90厘米、高10～20厘米的畦，四周开好排水沟，坡地种植一般不做畦。栽植行距25厘米左右，株距15～20厘米，穴深8～10厘米，每穴栽种种苗2～3节，散开排列，覆土压实。

秋季栽种用种茎，在当年款冬采收时边采收、边选好种茎，剪段后在选好的地块种植，随采随种。秋栽于11月上旬进行，栽种方法与春栽相同，如果移栽后遇旱，需浇水1次，确保全苗。（图3）

图3　种苗准备（连中学 摄）

（三）补苗间苗

款冬幼苗出土后及时查苗，如有缺苗垄断及时从稠密处带土移栽补苗，4月底至5月初，幼苗出齐后，视出苗情况适当间苗，留壮去弱，留大去小，按株距15厘米左右定苗，每穴留健壮苗一株，防止因密度过大，田间通风透光不良诱发病害。

（四）中耕除草

款冬苗齐后，及时中耕除草。第一次中耕在4月上旬展叶后进行，此次中耕宜浅，苗附近的杂草用手拔除，防止伤及幼苗和根部；第二次在6～7月苗叶出齐后进行，此时植株根系已发育良好，中耕适当深些；第三次在9月上旬，此时地上已停止生长，花芽已经开始生长，保持田间无杂草即可。（图4）

图4　中耕除草（连中学 摄）

（五）追肥培土

款冬生长前期，如土壤肥力高，底肥足，一般不必追肥，以防止植株生长过旺，抗病能力下降。但在其生长后期（8～9月），需加强追肥管理，一般视苗情长势，于8月中下旬每亩追有机肥1000千克左右，9月中旬亩追施尿素5～10千克、复合肥10～15千克。追肥后随即向根旁培土，以土盖肥，以保持肥效，提高产量。（图5）

图5　大田（连中学 摄）

（六）防旱防涝

款冬怕积水，雨季来临前，结合中耕除草，及时疏通排水沟，保持土壤湿度适当；遇干旱，及时浇水，及时排出多余积水。

（七）疏叶割叶

款冬在5～6月为盛叶期，叶片过于茂密，通风透光不良，影响花芽分化，致病虫害。

要疏除枯黄和染病叶片，每株留3～4片新叶，剪叶时勿用手掰扯，避免伤害基部，把疏除叶片带出田间，深埋或晒干后焚烧，减轻病害流行。10月中下旬早霜来临时，可割掉地上所有叶片，促花蕾生长，提高产量，抑制病害向花蕾蔓延，同时晒干地表，利于采收。

（八）病虫害防治

1. 病害防治

款冬常见病害为根腐病、褐斑病。

褐斑病易发生在夏季雨后，发病时叶片上出现近圆形、不规则、深褐色病斑，严重时病斑扩大汇合，叶片枯死。（图6）

根腐病一般在高温多雨季节发生，款冬根系糜烂，植株成片枯萎，严重影响产量。（图7）

图6　褐斑病（连中学 摄）

图7　根腐病（连中学 摄）

防治措施包括农业防治、化学防治。

（1）褐斑病

农业防治：实行轮作，加强田间管理，增施钾肥，款冬收获后清除病残体。

化学防治：发病初期用65%代森锰锌500倍液喷雾，隔7～10天喷1次，连续喷雾3～4次。

（2）根腐病

农业防治：注意轮作，雨季及时排涝。

化学防治：用50%甲基硫菌灵500倍液灌根，发现病株立即挖除，用生石灰对土壤进行消毒。

2. 虫害防治

款冬虫害有蚜虫、蛴螬、金针虫等。

（1）蚜虫　对款冬叶片危害较大，可用10%吡虫啉可湿性粉剂2000倍液或50%灭蚜松乳油1500倍液喷雾防治，7～10天一次。

（2）蛴螬、金针虫　用辛硫磷乳油和敌百虫可湿性粉剂200～300倍液灌根处理，间隔期为10天。

五、采收加工

（一）采收

10月下旬至11月上旬进行采收，款冬花蕾苞片呈紫红色，用锄头挖出或用犁将款冬根茎移出地表，除去泥土，运回加工场地，掰下花蕾时，从茎基上连花梗一起摘下花蕾，放入竹筐，勿用水冲洗，以免花蕾颜色变黑。（图8）

（二）初加工

采收的花蕾轻拿轻放，放在通风干燥处，厚度1～2厘米，严禁太阳暴晒，不用水洗，摊晾时不能太厚。晾干过程中尽量减少用手翻动，以免花蕾鳞片掉落，或碰伤变黑，3～4天晾干水分后，用木板轻轻搓压，筛去泥沙，剔除杂质，晾至完全干燥，切忌雨淋和受水湿花蕾颜色变黑，影响色泽，降低质量。（图9）

如款冬花采收量大，则采用烘干法：快速清洗花蕾，无泥沙后，放入用无烟煤作燃料炕床，前期温度不宜过高，花蕾变软后，缓慢升温至室温，同时用木棍来回翻动花蕾，保持均匀脱水，花蕾失水80%后，进行发汗，发汗后进行夜露，夜露后晾晒，边晒边用木棍翻动，色泽转为肉红色，晒至全干。

加工后的款冬花蕾呈棒状或长椭圆形，单一或2～3个并生，有时可达5朵，俗称“连三朵”。款冬花蕾以朵大、2～3个并连，颜色粉紫鲜艳，柄短者为佳，朵小、色棕黄、带有短嫩枝者次之。

图8 采收（连中学 摄）

图9 初加工（连中学 摄）

六、药典标准

（一）性状

本品呈长圆棒状。单生或2～3个基部连生，长1～2.5厘米，直径0.5～1厘米。上端较粗，下端渐细或带有短梗，外面被有多数鱼鳞状苞片。苞片外面紫红色或淡红色，内表面密被白色絮状茸毛。体轻，撕开后可见白色茸毛。气香，味微苦而辛。（图10）

图10 款冬花药材（连中学 摄）

（二）鉴别

本品粉末棕色。非腺毛较多，单细胞，扭曲盘绕成团，直径5～24微米。腺毛略呈棒槌形，头部4～8细胞，柄部细胞2列。花粉粒细小，类球形，直径25～48微米，表面具尖刺，3萌发孔。冠毛分枝状，各分枝单细胞，先端渐尖。分泌细胞类圆形或长圆形，含黄色分泌物。

（三）浸出物

照醇溶性浸出物测定法项下的热浸法测定，用乙醇作溶剂，不得少于20.0% 。

七、药材规格等级

一等品：药材含水量不超过7%，花蕾呈长圆棒状，单生或2～3个花蕾基部连生，苞片呈鱼鳞状，花蕾直径在0.8厘米以上，个头均匀，色泽鲜艳，表面紫红色或粉红色，体轻，撕开可见絮状毛茸，气微香、味微苦，黑头不超过3%，花柄长度不超过0.5厘米，花梗重量不超过3%，无杂质、霉变、虫蛀、开头等。

二等品：药材含水量不超过9%，花蕾呈长圆棒状，花蕾直径在0.6厘米以上，苞片呈鱼鳞状，个头不均匀，色泽鲜艳，表面紫褐色或暗紫色，间有绿白色，体轻，撕开可见絮状毛茸，气微香、味微苦，开头、黑头不超过10%，花柄长度不超过1厘米，花梗重量不超过20%，无杂质、霉变、虫蛀等。

三等品：药材含水量不超过10%，花蕾直径在0.5厘米以上，表面颜色略带红色，有青紫色花蕾，花柄长度不超过1厘米以上。

统货：花蕾只进行干燥、去除杂质等简单加工，不再进行花蕾挑选分级等精细加工的产品。

八、仓储运输

（一）贮藏

款冬花蕾贮存宜用纸箱，纸箱每层用纸板隔开，防止贮存和搬动时振动擦压。由于款冬花蕾易吸水返潮，春末夏初，在纸箱外加套防潮膜或活性炭，保持干燥。夏秋季贮存，应勤检查，发现问题及时晾晒，防止霉变、虫蛀。库房保持干燥通风，温度控制在15～20℃，相对湿度控制在20%左右。

（二）运输

运输工具要清洁、干燥、无异味、无污染，运输中要防潮、防雨淋、防暴晒、防污染，严禁与可能污染药材货物混装运输。

九、药用价值

（一）药用价值

款冬具有润肺化痰、降气止咳、止咳平喘，主治急慢性支气管炎、肺结核、咳嗽气喘等症，多用于寒咳，蜜炙可增加润肺功效。

（二）其他

紫菀款冬羊肺汤：紫菀15克，款冬15克，羊肺1具，调料适量，将羊肺用清水洗净，与紫菀、款冬共煮，将熟时加入调料，食肉喝汤，具有滋补肺阴，去咳定喘之功效。

参考文献

[1] 中国科学院植物研究所. 中国植物志[M]. 北京：科学出版社，2004.

[2] 国家药典委员会中华人民共和国药典[S]. 2020年版一部，北京：中国医药科技出版社，2020：346-347.

[3] 黄璐琦. 款冬花生产加工适宜技术[M]. 北京：中国医药出版社，2017.

[4] 宫喜臣. 北方主要药用植物种植技术[M]. 北京：金盾出版社，2001.

[5] 徐昭玺. 中草药种植技术指南[M]. 北京：中国农业出版社，2000.

[6] 朱田田. 甘肃道地中药实用栽培技术[M]. 兰州：甘肃科学技术出版社，2016.

[7] 黄兆胜. 中华养生药膳大全（修订本）[M]. 广州：广东旅游出版社，2014.

（连中学）

zi su

紫苏

唇形科植物紫苏*Perilla frutescens*（L.）Britt.的干燥成熟的果实为紫苏子，干燥叶为紫苏叶，干燥茎为紫苏梗。

一、植物特征

一年生直立草本植物，有特异芳香。株高60～180厘米，茎钝四棱形，绿色、紫色或绿紫色，具四槽，密被长柔毛，以茎节部较密。单叶对生，叶阔卵形或圆形，长7～13厘米，宽4.5～10厘米，先端钝尖或锐尖，基部圆形或阔楔形，边缘在基部以上有粗锯齿，膜质或草质，两面绿色或紫色，或面绿背紫，上面被疏柔毛，下面被贴生柔毛，侧脉7～8对，位于下部者稍靠近，斜上升，与中脉在上面微突起下面明显突起，色稍淡；叶柄长3～5厘米，背腹扁平，密被长柔毛。轮伞花序2花，组成长1.5～15厘米、密被长柔毛、偏向一侧的顶生及腋生总状花序；每花有1苞片，苞片宽卵圆形或近圆形，长宽约4毫米，先端具短尖，外被红褐色腺点，无毛，边缘膜质；花梗长1.5毫米，密被柔毛。花萼钟形，二唇形，具5裂，10脉，长约3毫米，直伸，下部被长柔毛，夹有黄色腺点，内面喉部有疏柔毛环，结果时增大，长至1.1厘米，平伸或下垂，基部一边肿胀，萼檐二唇形，上唇宽大，3齿，中齿较小，下唇比上唇稍长，2齿，齿披针形。花冠白色至紫红色，长3～4毫米，外面略被微柔毛，内面在下唇片基部略被微柔毛，冠筒短，长2～2.5毫米，喉部斜钟形，冠檐近二唇形，上唇微缺，下唇3裂，中裂片较大，侧裂片与上唇相近似。雄蕊4，几不伸出，前对稍长，离生，插生喉部，花丝扁平，花药2室，室平行，其后略叉开或极叉开。花柱先端相等2浅裂。花盘前方呈指状膨大。小坚果卵圆形或球形，千粒重2.6～5.8克。直径约1.5毫米，具网纹。棕褐色、灰褐色或灰白色。花期8～11月，果期8～12月。（图1，图2）

二、资源分布概况

根据对国内紫苏主产地区的资源调查结果，按照产出类型分为野生资源和栽培资源两大类，栽培资源又按主要用途分为栽培药用资源、栽培籽用资源、栽培出口资源。野生资

图1　紫苏植株（王宏凯 摄）

图2　紫苏花（刘众 摄）

源主产区有河南、四川、安徽、江西、广西、湖南、江苏及浙江；栽培药用资源产区有河北安国、安徽亳州、重庆涪陵、广西玉林和广东茂名；栽培籽用资源产区包括甘肃的平凉、庆阳、天水，黑龙江桦南，吉林、重庆彭水及云南；栽培出口资源产区有浙江湖州、江苏连云港和山东烟台。

紫苏在我国种植应用有近2000年的历史，主要作为药用、油用、香料、食用等。近年来，紫苏因其特有的活性物质及营养成分，成为一种倍受世界关注的多用途植物，经济价值很高。日本、韩国、美国、加拿大等国对紫苏属植物进行了大量的商业性栽种，开发出了食用油、药品、腌渍品、化妆品等几十种紫苏产品。在我国北方，紫苏以油用为主，兼作药用，已形成西北、东北两个传统油用紫苏产区；在我国南方，紫苏传统上以药用为主，兼作香料和食用。

三、生长习性

（一）种子萌发特性

种子在地温5℃以上时即可萌发，适宜的发芽温度18～23℃，苗期可耐1～2℃的低温。紫苏种子休眠期长，种子采收后经过4～6个月休眠才能发芽，如果要进行反季节种植，必须对种子进行处理。低温或赤霉素处理均能有效打破种子休眠期，将刚采收的种子用100微克/升赤霉素处理并置于低温3℃及光照条件下5～10天，后置于15～20℃光照条件下催芽12天，种子发芽率可达80%以上。

（二）生长习性特点

紫苏喜温暖湿润气候，适应性强。在温暖湿润、土壤疏松肥沃、排水良好、光照充足的环境生长旺盛。我国从南至北的广大地区均可种植。种子发芽适宜温度为18～23℃，茎叶生长适宜温度为20～26℃，植株在较低的温度下生长缓慢，夏季生长旺盛。开花期适宜温度是22～28℃，相对湿度75%～80%。较耐湿，耐涝性较强，不耐干旱，尤其是在产品器官形成期，如空气过于干燥，茎叶粗硬、纤维多、品质差。对土壤的适应性较广，在较阴的地方也能生长。

（三）生长发育特性

紫苏为直根系植物，一般垂直分布深度为30～45厘米，土层深厚时可达70厘米以上，水平分布半径范围为35～50厘米，细小根毛较少，中耕培土能长出大量气生根，侧根分层着生，一般3～4层。

甘肃河东地区4月下旬播种，20～30天出苗。前一年采收的种子发芽率为70%左右，陈年种子发芽率为1%。子叶出土凹尖，圆肾脏形，初呈黄绿色，真叶卵形或宽圆卵形，顶端有小短尖头。紫苏的第一对真叶表面紫红色，背面紫色。幼茎及叶柄有紫色、绿色，近无毛或短疏柔毛。苗期可耐10～12℃低温。苗期保持湿润成活率高达80%以上，如有积水，幼苗易发生烂根。从基部以上3～5节开始分枝。每节一对分枝。紫苏枝条斜向上展，呈宽锥形。主茎粗壮，木质化程度高，每个节部不规则隆起。主茎节间长度以中部最长，顶部次之，基部最短。

紫苏营养生长阶段从4月底开始一直到8月底9月初，分枝数由下而上增多，叶片面积逐渐增大。

进入生殖生长阶段以后，紫苏茎、枝、叶的紫红色逐渐变淡，白苏的叶片由亮绿色逐渐变为淡暗绿色。花序着生在主茎顶端及上部4～5节的分枝顶端以及每对叶腋。主茎顶序上对生的四纵列花朵呈现规则的十字形排列，分枝顶序和其余花序上花朵一律偏向外侧，呈微扇形排列紧密的侧总状花序。白苏顶端花序长8～10厘米，紫苏顶端花序长6～8厘米。腋生花序比顶端花序短1～2厘米或更短。同一分枝上顶端花序比中部腋生花序长，中部腋生花序比基部腋生花序长。开花顺序一般早现蕾早开花，全株以主茎和分枝顶序先开，腋生花序最后开放。上部分枝比下部分枝早开花，中部分枝次于上部分枝。各分枝开花时间相差3～5天。同一分枝上由上而下逐渐开花。同一花序上开花顺序为从下到上，为无限花序，但所有花序顶端1～2朵花一般不结实，或结实发育不良，仅1～2枚小坚果。天气晴朗时9～14时开花最多，盛花时间为9～11 时。花期持续20～35天。结果的顺序与开花顺序相同，一般每朵花结出4枚小坚果，结果时果萼迅速增大，萼内部密生白色长柔毛。边开花边结果。随着果实的进一步成熟，紫苏叶表面逐渐褪为黄紫色，背面为浅紫绿色或紫褐色。

四、栽培技术

紫苏用种子繁殖，有直播和育苗移栽两种栽培方式。直播有点播（穴播）、条播、机耕撒播、机耕机播等不同播种方式。育苗移栽适宜于地膜栽培、冬油菜或冬小麦茬复种，机耕（畜耕）撒播适宜于山坡地、房前屋后零星种植，机耕机播适宜于大面积规模化种植，条播适宜于塬地、川台地。生产上春季多用种子直播，省时省工。春季种植亩产种子60～90千克，地膜覆盖栽培亩产种子130～160千克，移栽复种亩产种子50～70千克。

（一）春季直播

1．茬口安排与整地

前茬作物以玉米、糜谷、高粱、豆类为好，采取合理轮作方式，防止重茬，主要轮作方式有：冬小麦——糜子（豆类或荞麦或移栽紫苏）——玉米（高粱）——紫苏，玉米——冬小麦——糜子（豆类或荞麦）——紫苏，玉米（高粱）——紫苏——玉米——冬小麦，冬小麦（冬油菜）——紫苏——玉米（高粱或谷子）。秋季前茬作物收获后及时深耕，土壤封冻前耙磨整平保墒，为来年播种创造良好的土壤环境。

2．施肥

紫苏施肥以基肥为主，基肥要深施，结合中耕少量追施氮肥一次，巧施叶面肥。惊蛰后（3月中下旬），亩施腐熟有机肥1000千克，磷酸氢二铵15千克，尿素5千克，或普通过磷酸钙40～50千克，尿素15千克，用大马力旋耕机深旋地一遍，达到平、匀、净、细，以增强土壤保墒能力。

3．品种选择

六盘山区素有种植紫苏的传统习惯，多以榨油食用为主，兼作药用。在品种选择上要注重丰产性兼顾出油率，目前可选用陇苏1、2号、冀紫1号、晋紫苏1号、2号、成县苏及地方品种。（图3）

4．播种

六盘山区春季旱灾频发，土壤墒情差，紫苏种子微小，含油率高（千粒重3.8～5.8克），不易抓全苗，因此精细整地、提高整地和播种质量就成为抓全苗的关键措施。4月底至5月初土壤地表温度稳定在5℃播种，亩用种0.2～0.3千克，播种方式有条播和撒播两种方式。水浇地、塬地亩保苗1800株，瘠薄山地亩保苗2600株，即条播行株距60厘米×60

图3 紫苏品种（刘众 摄）

厘米，山地50厘米×50厘米，蓄力或人工开沟深8～10厘米，将种子拌上细沙，按行遛子、耙磨平。撒播蓄力浅耕后，种子撒在地表，耙磨整平即可。撒播用种量多，浮子多，出苗效果不如条播，生产上提倡条播，确保苗全苗齐苗壮，播后20天出苗。（图4）

（二）育苗移栽

1. 育苗

可选苗床或营养钵育苗。

（1）苗床选择 选择光照充足、向阳暖和，便于灌溉、施肥、管理的地块做苗床地，搭建小拱棚。苗床畦长5米、宽1.5米，四周做高20～25厘米的垄、面积8平方米左右、畦底踏实整平后，撒一层草木灰。（图5）

（2）营养土配制 选用肥沃的过筛田园土（0～20厘米耕层）7份、腐熟农家肥1份，育苗基质2份，加入过磷酸钙1.5千克、尿素0.5千克、辛硫磷颗粒剂500克，充分拌匀。严

图4　春季人工开沟直播（刘众 摄）

图5　小拱棚育苗（王宏凯 摄）

禁用种植紫苏的重茬土、马铃薯土和未腐熟的农家肥。把营养土撒入苗床，苗床做成水平面，用脚踏实以防浇水后产生裂缝，踏实后再平整1次，使苗床保持在同一水平面，浇透水，待水渗完不黏时即可播种。

（3）播种　3月中旬，1平方米按6～10克用种量撒播种子，育3～4平方米可移栽1亩地，种子均匀撒播在苗床上，覆盖1～2厘米厚营养土，覆盖棚膜增温保墒，10天左右即可出苗。出苗后加强日常管理，根据气温及时揭放棚膜，防止温度过高烧苗和土壤湿度过大幼苗徒长。

（4）营养钵育苗　紫苏根系大且深，不适宜用营养穴盘育苗。苗床做好后，选用一次性纸杯或7厘米×7厘米营养钵装入营养土（装土前在杯子底部扎小洞便于渗水），整齐摆放于大棚内，灌水使水由纸杯底部渗入，每个纸杯播种2～3粒紫苏，播完后穴盘覆盖1厘米厚过筛细土，覆盖棚膜，增温保墒等待出苗。待苗出齐后，每穴选留一株健壮苗子，加强日常管理，根据气温及时揭放棚膜，适时洒水，注意蹲苗、培育健壮敦实的紫苏幼苗，控水控温防止幼苗徒长。

2. 分苗

为了培育健壮敦实的紫苏幼苗，苗床育苗的最好分苗。苗子长到8厘米左右即可分苗，准备12平方米的分苗床，搭建小拱棚，按行株距8厘米×8厘米分苗，浇缓苗水、覆盖遮阳网，3天后缓苗去掉遮阳网，做好苗期管理工作。

3. 炼苗

5月10日前后开始炼苗，头3天白天揭去棚膜，晚上覆盖，第4天开始露天炼苗，7～8天后起苗移栽定植，起苗头一天浇适量水，第二天用刀把苗床纵横切成6厘米×6厘米的方块，以便于起苗。（图6）

4. 移栽定植

（1）春季露地定植　5月中旬移栽，苗龄60天左右。选择株高15厘米左右，主茎4～6对叶片，地上第1节间茎粗0.5厘米，节间粗短，叶色深绿，叶片肥大，株型紧凑的无病壮苗，水浇地、塬地按行株距60厘米×60厘米，瘠薄山地按行株距50厘米×50厘米定植苗子。选在阴天或傍晚移栽，雨前或阴天移栽效果最佳，定植时尽量做到深挖浅栽根舒展，具体做法：定植穴深度应大于20厘米，起苗时尽量根系带土，力求不伤根系，将幼苗带土植入移栽窝内，旱地视土壤墒情每窝浇适量的座苗水，水地苗定植完浇缓苗水，待水渗后

图6　苗床起苗（刘众 摄）

再覆土，覆土应略低于地面，便于集水增墒。覆土后用手向上轻轻提拉幼苗舒展根系，再用土压实。3～4天后查苗补苗，在死苗处重新进行补栽。

（2）春季地膜覆盖移栽　4月下旬亩施腐熟有机肥1000千克，磷酸氢二铵20千克，尿素5千克，或普通过磷酸钙40～50千克，尿素15千克，用1.2米宽幅地膜机械（或人工）覆膜，提温保墒等待移栽。5月中旬按照行株距80厘米×60厘米，亩定植1400株，其余同春季露地定植。（图7，图8）

（3）冬油菜茬复种移栽　6月上中旬冬油菜收获后及时浅耕灭茬，施足基肥。每亩地施尿素20千克，普通过磷酸钙40千克，用旋耕机进行整地，要求做到平、匀、净、细。选阴天或傍晚抢时抢墒移栽，雨前或阴天移栽效果最佳。按照行株距50厘米×50厘米，亩定植2600株，其余同“春季露地定植”。（图9，图10）

（4）冬小麦茬复种移栽　6月底至7月初，冬小麦收获后及时浅耕灭茬，每亩地施尿素20千克，普通过磷酸钙40千克，用旋耕机旋地整地，要求做到平、匀、净、细。选阴天或傍晚抢时抢墒移栽，雨前或阴天移栽效果最佳。按照行株距50厘米×50厘米，亩定植2600株，其余同“春季露地定植”。（图11）

图7　地膜栽培春季人工覆膜（刘众 摄）

图8　紫苏地膜栽培（王宏凯 摄）

图9　冬油菜浅耕灭茬（王宏凯 摄）

图10　冬油菜复种移栽紫苏（王宏凯 摄）

图11　冬小麦复种紫苏（刘众 摄）

5. 田间管理

（1）间苗定苗　露地直播的，6月中旬苗高10厘米左右间苗、定苗，选留健康壮苗，水浇地、塬地按行株距60厘米×60厘米，瘠薄山地按行株距50厘米×50厘米定苗，同时中耕除草一次，缺苗地方可移栽补苗。（图12）

图12　紫苏定苗后苗期长势（刘众 摄）

（2）中耕除草　紫苏定苗（或定植成活）后，前期生长缓慢，注意中耕除草，前期杂草生长旺盛，要勤除草，做到有草即除，防止雨后土壤板结，勤中耕，促进紫苏早发苗。

（3）追肥培土　7月上中旬苗长到15厘米时，亩追施尿素5千克，中耕培土，有利于紫苏产生不定根，防止后期遇大风或大雨倒伏。期间中耕除草2～3次，破除板结松土、减少土壤水分蒸发，为紫苏营养生长创造良好环境。（图13，图14）

图13　冬小麦茬移栽紫苏追肥中耕培土（刘众　摄）

图14　春播紫苏追肥培土（刘众　摄）

（4）叶面喷施磷酸二氢钾　8月底至9月初，每隔7天叶面喷施0.5%～1%磷酸二氢钾溶液，连续喷施2次，可促进成熟并提高种子产量。

6. 病虫害防治

生产上，紫苏病虫害发生比较少，病害主要有枯萎病、斑枯病、锈病和白粉病；虫害主要有斜纹夜蛾、螨类、菜青虫和地下害虫。按照绿色环保要求，以农业防治为主，化学防治为辅。农业防治主要通过轮作倒茬、中耕除草、平衡施肥、培育壮苗、合理密植、及时排涝等措施预防；化学防治要按照绿色农产品要求，选用低毒、低残留农药，把病虫害控制在发病初期，在收获前半个月停止施药，以保证菜用或药材农残不超标。

（1）枯萎病　发病初期用60%多菌灵600倍液喷雾或灌根防治。

（2）斑枯病　6月以后开始发生，危害叶子。发病初期在叶面出现大小不同、形状不一的褐色或黑褐色小斑点，逐渐发展成近圆形或多角形的大病斑，直径0.2～2.5厘米，在紫色叶面上外观不明显，在绿色叶面上较鲜明。病斑干枯后常形成穿孔，严重时病斑汇合，叶片脱落。在高温高湿、阳光不足以及种植过密、通风透光差的条件下易发病。发病初期用80%可湿性代森锌800倍液，或者1：1：200波尔多液喷雾。每隔7天1次，连喷2～3次。

（3）白粉病　用4%的农抗120水剂200倍液或50%加瑞农可湿性粉剂800倍液喷雾防治。

（4）锈病　7月以后发生，开始发病植株基部的叶背产生黄色斑点，严重时病叶枯黄反卷脱落。发病初期用25%粉锈宁1000倍液或50%代森锌可湿性粉剂600倍液交替喷雾防治。

（5）小地老虎　5～6月出现第一代成虫，白天藏在阴暗地方，夜间出来取食、交尾，在残株和土块上产卵，成虫有较强的趋光性，可采取人工检查捕杀幼虫，清除枯枝杂草，深埋或烧毁，使害虫无藏身之地。发现植株被害，可在畦周围3～5厘米开沟撒入毒饵诱杀。毒饵配制方法是将麦麸炒香，用90%晶体敌百虫30倍液，将毒饵拌潮或将50克鲜草切3～4厘米长，直接用50%辛硫磷乳油0.5千克湿拌，于傍晚撒在畦周围诱杀。

（6）红蜘蛛　危害紫苏叶子。6～8月天气干旱、高温低湿时发生最盛。红蜘蛛成虫细小，一般为橘红色，有时黄色。红蜘蛛聚集在叶背面刺吸汁液，被害处最初出现黄白色小斑，后来在叶面可见较大的黄褐色焦斑，扩展后，全叶黄化失绿，常见叶子脱落。发生初期及早用哒螨灵乳油、唑螨酯乳油等防治。但要求在收获前半个月停止喷药，以保证药材无残留。

（7）银纹夜蛾　又叫造桥虫，7～9月幼虫危害紫苏，成虫多昼伏夜出，以夜晚9～10时活动最盛，叶子被咬成孔洞或缺刻，老熟幼虫在植株上作薄丝茧化蛹。用90%晶体敌百虫1000倍液喷雾；用2%西维因粉剂喷粉或用50%杀螟松超低量喷雾，每亩用原液

150～200毫升，对各幼龄虫杀伤率均达90%以上。

（8）甘蓝夜蛾幼虫　又叫地蚕、切根虫、截虫。幼虫为杂食性害虫，受害严重时，叶肉全被吃光，仅剩较粗的叶脉和叶柄，受害较轻的叶子也被咬成大小不等的孔。可采取诱杀与捕捉，与药剂防治幼虫相结合。毒饵诱杀：幼苗出土前用此法效果最好，出土后效果较差。撒前最好先除草。将毒剂与饵料混拌均匀，制成毒饵，在黄昏时撒在根部附近。在第一次撒施毒饵后，可视情况隔4～5天再撒1～2次。

（9）紫苏野螟　又叫紫苏红粉野螟、紫苏卷叶虫，是危害紫苏等多种唇形科药用植物的害虫。被害株卷叶和枝头被咬折断，影响紫苏生长。在幼虫盛卵期，用20%杀灭菊酯乳油2000～3000倍液喷雾防治。

（10）其他害虫　茶黄螨防治选用73%克螨特（丙炔螨特）1500倍液喷施。美洲斑潜蝇防治选用内吸性强的1.8%阿维菌素2000倍液喷施。蚜虫选用10%吡虫啉1000倍液或50%避蚜雾可湿性粉剂200倍液交替使用。斜纹夜蛾选用2.5%溴氰菊酯2500倍液喷雾，间隔10天再喷一次。

五、采收加工

（一）采收

紫苏采收期因用途及气候不同而异。作药用的紫苏叶、紫苏梗多在枝叶茂盛时采收；作为菜用的一般当第5茎叶片横宽10厘米以上时，即可开始摘叶。每次采摘2对叶片，六盘山区以7～8月为采摘期，每株可分期采摘20～23对合格叶片，出口产品要求的标准是：叶片中间最宽处达到12厘米以上，无缺损、无洞眼、无病斑；紫苏叶、紫苏梗、紫苏子兼用的全苏一般在9月底～10月初，待种子成熟后全株收割运回加工。

以采收苏叶和苏梗作药材的，苏叶宜在夏秋季节采收叶或带叶小枝，阴干后收藏入药；亦可在秋季割去全株，先挂在通风处阴干，再取叶入药。苏叶以叶大、色紫、不碎、香气浓、无枝梗者为好。苏梗分为嫩苏梗和老苏梗，6～9月采收嫩苏梗，10月初与紫苏子同时采收者为老苏梗。采收苏梗时，应除去小枝、叶和果实，取主茎，晒干或切片后晒干。苏梗以外皮紫棕色、分枝少、香气浓者为好。

紫苏子采收期一般在10月初，紫苏下部叶片变黄，90%紫苏子成熟变硬且有本品种特有颜色即可收获。收获时要选择晴天收割，收获方法：多用镰刀齐根基部割下，运回后立杆晾晒，晾晒3～5天即可脱粒并置于阴凉干燥处贮藏。（图15）

图15　紫苏籽粒（刘众 摄）

（二）加工

作为蔬菜用紫苏，为确保紫苏嫩叶品质，应做到分批采收，及时分拣，当日加工，并用梅子汁腌渍浸泡，以防时间过长发热变质，影响产品质量。

作为药用紫苏，收回后及时摊在地上或悬挂于通风处阴干，干后连叶捆好，抖出紫苏子。种子晒干后榨油，出油率达40%～60%。全株收割以后，去掉粗梗，将枝叶摊晒1天即入锅蒸馏，晒过一天的枝叶125千克一般可出紫苏油0.2～0.25千克。紫苏是轻重工业中的高级油料，可用来制造清漆、色漆、阿立夫油、油墨以及肥皂、涂料、化妆品、高级润滑油等。此外，紫苏子榨出的食用油具有一定的保健作用，其味芳香，在酱油、醋中加入少量紫苏油具有防腐保鲜功能。

紫苏叶为紫苏的干燥叶（或带嫩枝）。于夏季枝叶茂盛时采收，除去杂质，晒干。

六、药典标准

（一）紫苏子

秋季果实成熟时采收，除去杂质，晒干。

1. 性状

本品呈卵圆形或类球形，直径约1.5毫米。表面灰棕色或灰褐色，有微隆起的暗紫色网纹，基部稍尖，有灰白色点状果梗痕。果皮薄而脆，易压碎。种子黄白色，种皮膜质，子叶2，类白色，有油性。压碎有香气，味微辛。

2. 鉴别

本品粉末灰棕色。种皮表皮细胞断面观细胞极扁平，具钩状增厚壁；表面观呈类椭圆形，壁具致密雕花钩纹状增厚。外果皮细胞黄棕色，断面观细胞扁平，外壁呈乳突状；表面观呈类圆形，壁稍弯曲，表面具角质细纹理。内果皮组织断面观主为异型石细胞，呈不规则形；顶面观呈类多角形，细胞间界限不分明，胞腔星状。内胚乳细胞大小不一，含脂肪油滴；有的含细小草酸钙方晶。子叶细胞呈类长方形，充满脂肪油滴。

3. 检查

水分　不得过8.0%。

（二）紫苏叶

夏季枝叶茂盛时采收，除去杂质，晒干。

1. 性状

本品叶片多皱缩卷曲、破碎，完整者展平后呈卵圆形，长4～11厘米，宽2.5～9厘米。先端长尖或急尖，基部圆形或宽楔形，边缘具圆锯齿。两面紫色或上表面绿色，下表面紫色，疏生灰白色毛，下表面有多数凹点状的腺鳞。叶柄长2～7厘米，紫色或紫绿色。质脆。带嫩枝者，枝的直径2～5毫米，紫绿色，断面中部有髓。气清香，味微辛。

2. 鉴别

（1）本品叶表面制片：表皮细胞中某些细胞内含有紫色素，滴加10%的盐酸溶液，立即显红色；或滴加5%氢氧化钾溶液，即显鲜绿色，后变为黄绿色。

（2）本品粉末棕绿色。非腺毛1～7细胞，直径16～346微米，表面具线状纹理，有的细胞充满紫红色或粉红色物。腺毛头部多为2细胞，直径17～36微米，柄单细胞。腺鳞常破碎，头部4～8细胞。上、下表皮细胞不规则形，垂周壁波状弯曲，气孔直轴式，下表皮气孔较多。草酸钙簇晶细小，存在于叶肉细胞中。

3. 检查

水分　不得过12.0%。

（三）紫苏梗

秋季果实成熟后采收，除去杂质，晒干；或趁鲜切片，晒干。

1. 性状

本品呈方柱形，四棱钝圆，长短不一，直径0.5～1.5厘米。表面紫棕色或暗紫色，四面有纵沟和细纵纹，节部稍膨大，有对生的枝痕和叶痕。体轻，质硬，断面裂片状。切片厚2～5毫米，常呈斜长方形，木部黄白色，射线细密，呈放射状，髓部白色，疏松或脱落。气微香，味淡。

2. 鉴别

本品粉末黄白色至灰绿色。木纤维众多，多成束，直径8～45微米。中柱鞘纤维淡黄色或黄棕色，长梭形，直径10～46微米，有的孔沟明显。表皮细胞棕黄色，表面观呈多角形或类方形，垂周壁连珠状增厚。草酸钙针晶细小，充塞于薄壁细胞中。

3. 检查

水分　不得过9.0%（通则0832第二法）。

总灰分　不得过5.0%（通则2302）。

七、药材规格等级

（一）紫苏子

不同品种，不同产地的紫苏颜色及性状差别较大。药典品种为紫苏的干燥成熟果实，以颗粒大小、饱满度、油脂含量、有无杂质，将紫苏子分为“选货”和“统货”两个规格。

选货：干货。呈卵圆形或类球形，直径约1.5毫米。果皮薄而脆。表面灰棕色或灰褐色，有微隆起的暗紫色网纹，基部稍尖，有灰白色点状果梗痕。果皮薄而脆，易压碎。压碎有香气，味微辛。无虫蛀，无霉变。表皮完整，无破损。颗粒均匀、饱满，油脂足。水分<8%，无杂质。

统货：干货。呈卵圆形或类球形，直径约1.5毫米。果皮薄而脆。表面灰棕色或灰褐色，有微隆起的暗紫色网纹，基部稍尖，有灰白色点状果梗痕。果皮薄而脆，易压碎。压碎有香气，味微辛。无虫蛀，无霉变。表皮基本完整。颗粒大小不一，有的饱满有的略干瘪。油脂含量高低不一样。水分<8%，杂质率≤3%。

（二）紫苏梗

按加工方法不同分为紫苏梗和紫苏梗段，以颜色、杂质多少分为2个等级，此标准只适用当年生产的紫苏梗。

选货：干货。呈方柱形，四棱钝圆，直径0.5～1.5厘米。节部稍膨大，有对生的枝痕和叶痕。体轻，粗细均匀，质硬，断面裂片状。木部黄白色，射线细密，呈放射状，髓部白色，疏松或脱落。无虫蛀、霉变。整齐，表面紫棕色，节较少，杂质率<1%。

统货：干货。呈方柱形，四棱钝圆，直径0.5～1.5厘米。节部稍膨大，有对生的枝痕和叶痕。体轻，粗细均匀，质硬，断面裂片状。木部黄白色，射线细密，呈放射状，髓部白色，疏松或脱落。无虫蛀、霉变。长短不一，表面暗紫色，杂质率<3%。

紫苏梗段：干货。呈方柱形，四棱钝圆，厚2～5毫米，常呈斜长方形，木部黄白色，射线细密，呈放射状，髓部白色，疏松或脱落。无虫蛀、霉变。

（三）紫苏叶

目前市场上紫苏叶规格，按照不同的加工方法分为散紫苏叶和齐紫苏叶。其中，散紫苏叶根据颜色、大小、完整度不同分为两个等级。现在市场上的紫苏叶都是栽培品，全国各地均产，紫苏叶几乎全是一面紫一面青，两面全紫的药材很少。两面全紫的主要用于提取色素。而两面都绿色者，不符合《中国药典》规定，不能作药材用。

选货（散紫苏叶）：干货。叶片长4～11厘米，宽2.5～9厘米。两面紫色或上表面绿色，下表面紫色，质脆。气清香，味微辛。无杂质、虫蛀、霉变。叶片稍卷曲、比较完整，破碎度<3%。有叶柄、无嫩枝。色紫，颜色鲜明。统货（散紫苏叶）：叶片多皱缩卷

曲、破碎度<10%。有叶柄和少许嫩枝。色淡紫，颜色暗。

统货（齐紫苏叶）：干货。叶片叠齐，捆扎成小扎，叶片平直、完整、叶长4～11厘米，宽2.5～9厘米。两面紫色或上表面绿色、下表面紫色，颜色鲜明。质脆。

八、仓储运输

（一）仓储

药材仓储要求符合NY/T 1056—2006《绿色食品 贮藏运输准则》的规定。仓库应具有防虫、防鼠、防鸟的功能；要定期清理、消毒和通风换气，保持洁净卫生；不应与非绿色食品混放；不应和有毒、有害、有异味、易污染物品同库存放；在保管期间如果水分超过14%、包装袋打开、没有及时封口、包装物破碎等，导致药材吸收空气中的水分，发生返潮、结块、褐变、生虫等现象，必须采取相应的措施。

（二）运输

运输车辆的卫生合格，温度在16～20℃，湿度不高于30%，具备防暑防晒、防雨、防潮、防火等设备，符合装卸要求；进行批量运输时不应与其他有毒、有害、易串味物质混装。

九、药用食用价值

（一）油用价值

作为传统油料作物，紫苏子出油率高达45%～55%，含不饱和脂肪酸90%以上，其中α–亚麻酸含量高达50%～70%，是人体重要的必需脂肪酸，具有调节免疫力、降血脂和血压、提高智力、延缓衰老、抗癌和预防多种疾病等保健功效，是高血压、血栓疾病患者的理想食疗油，可作为保健食用调和油中不饱和脂肪酸的主要来源。紫苏子含有18种氨基酸，氨基酸含量既丰富又平衡，含有成人必需的7种氨基酸，儿童必需的9种氨基酸，其中，赖氨酸和甲硫氨酸明显高于小麦、玉米等常见植物。

（二）药用价值

紫苏既能发汗散寒以解表邪，又能行气宽中、解郁止呕，适宜风寒表证而兼见胸闷呕吐症状者；或无表证而有气滞不畅症状者，也有宣通功能。如配藿香、陈皮则解表和中，配半夏、厚朴则解郁宽胸。紫苏茎、叶、种子可药用，治疗多种疾病。紫苏还富含黄酮类化合物、类胡萝卜素及迷迭香酸等活性成分，具有抗氧化和抗菌消炎作用，可用于预防和治疗心血管疾病、抗癌及增加免疫力。

1. 紫苏叶

紫苏叶具有解表散寒、行气和胃的功效，可发表，散寒，理气，抗菌，升血糖，咳喘，安胎等，用于风寒感冒、咳嗽呕恶、妊娠呕吐、鱼蟹中毒。

2. 紫苏梗

紫苏梗具有理气宽中、舒郁、止痛、安胎和治食滞的功效，用于胸膈痞闷、胃脘疼痛、嗳气呕吐、胎动不安。

3. 紫苏子

紫苏子具有降气化痰、止咳平喘、润肠通便的功效，用于痰壅气逆、咳嗽气喘、肠燥便秘。

（三）工业用途

紫苏种子含有P、Ca、Fe、K、Mg、Al、Na、Mn、Zn等多种元素，既可用于制备油漆和油布，又可用于制备阿立夫油、油墨，以及肥皂、涂料、人造革等。还可用作色素、防腐剂、甜味剂和香料等食品添加剂的基料。此外，紫苏油中的亚油酸及其衍生物可配制功能性化妆品，如紫苏增白霜。

（四）食疗作用

紫苏在我国约有2000年种植历史，明代李时珍曰："紫苏嫩时有叶，和蔬茹之，或盐及梅卤作菹食甚香，夏月作熟汤饮之。"可见紫苏在中国人的饮食中很常见。中国人用紫苏烹制各种菜肴，常佐鱼蟹食用，烹制的菜肴包括紫苏干烧鱼、紫苏鸭、紫苏炒田螺、苏盐贴饼、紫苏百合炒羊肉、铜盆紫苏蒸乳羊等。另外，在我国南方，泡菜坛子中放入紫苏叶或杆，可以防止泡菜液产生白色的病菌。

紫苏营养价值高，兼有药用功效，当鲜菜食用深受人们喜爱。另外，还可加工成紫苏粥、紫苏酱、紫苏豆瓣酱、紫苏汁、蜜饯、果脯、糖果、叶粉、糕点等多种形式的食品，以及拼盘、腌制产品等调味品；以紫苏为原料，开发出紫苏茶、紫苏饮料、紫苏酱油。

参考文献

[1] 国家药典委员会．中华人民共和国药典[S]．2020年版一部．北京：中国医药科技出版社，2020：353–355.

[2] 黄璐琦．紫苏生产加工适宜技术[M]．北京：中国医药科技出版社，2015.

[3] 谭美莲．国内外紫苏研究进展概述[J]．中国油料作物学报，2012，34（2）：225.

[4] 沈奇．紫苏属植物的研究进展及发展潜力[J]．贵州农业科学，2017，45（9）：937.

[5] 崔凯．苏子资源开发利用研究进展[J]．农牧产品开发，1996（11）：696.

[6] 廖杨春．苏子种质资源主要性状鉴定 [J]．甘肃农业科技，1991（4）：8.

[7] 王方．紫苏新品系2012巧明，紫选育报告[J]．甘肃农业科技，2017（11）：517.

[8] 赵玉昌．紫苏数量性状研究[D]．兰州:甘肃农业大学，2007.

[9] 刘月秀．紫苏属植物的分类及资源分布[J]．中国野生植物资源，1998，17（3）：1–4.

[10] 于淑玲．紫苏的开发和综合利用 [J]．北方园艺，2006（5）：98–99.

（王宏凯）

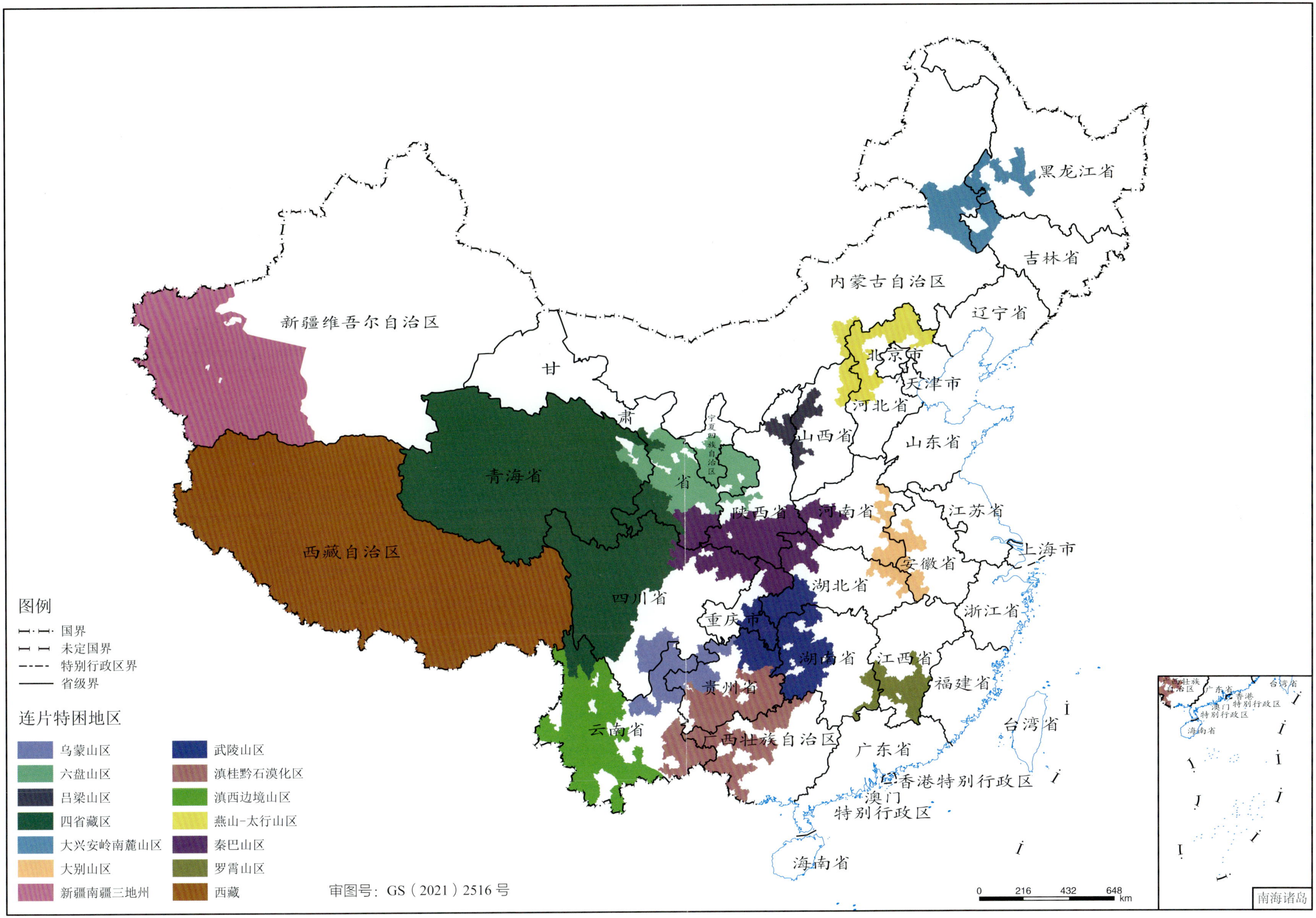

全国14个集中连片特困地区分布图

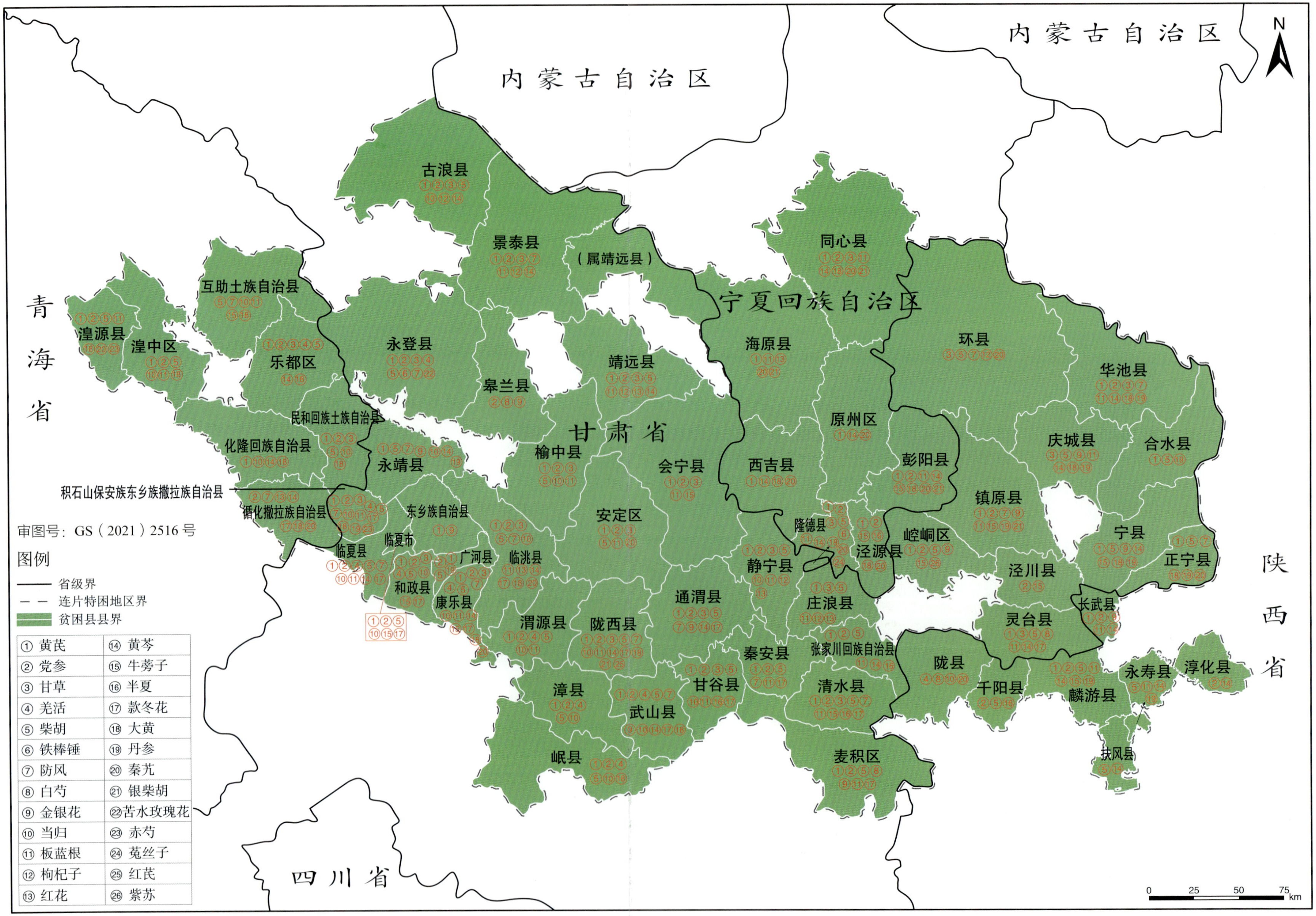

六盘山区中药材种植品种分布图